广东外语外贸大学南国商学院极地问题研究中心资助出版

极地研究与组织机构汇编（社会科学卷）

主编 杨励 罗颖

WUHAN UNIVERSITY PRESS
武汉大学出版社

图书在版编目(CIP)数据

极地研究与组织机构汇编.社会科学卷/杨励,罗颖主编.—武汉：武汉大学出版社,2020.6

ISBN 978-7-307-21375-3

Ⅰ.极… Ⅱ.①杨… ②罗… Ⅲ.极地—研究—中国 Ⅳ.①P941.6 ②D60

中国版本图书馆 CIP 数据核字(2019)第 290755 号

责任编辑:黄金涛   责任校对:李孟潇   版式设计:马　佳

出版发行:**武汉大学出版社** (430072 武昌 珞珈山)

(电子邮箱:cbs22@whu.edu.cn 网址:www.wdp.com.cn)

印刷:广东虎彩云印刷有限公司

开本:720×1000 1/16 印张:17.5 字数:241 千字 插页:1

版次:2020 年 6 月第 1 版   2020 年 6 月第 1 次印刷

ISBN 978-7-307-21375-3   定价:52.00 元

绪　　论

地球有三极：南极、北极与高极（青藏高原）。"极地"充满了神奇的色彩，与"极端严酷的自然环境"、"人迹罕至之处"、"特殊的地理位置"等概念相连。人类对"三极"的探险史犹如史诗一般波澜壮阔。

随着全球气候的变暖，"三极"的冰川均在加速融化。消融的冰层之下，新的航道、渔场、矿产资源都更加直接地呈现在人类面前。"三极"的经济价值、战略价值逐渐成为讨论的热点。在"一带一路"倡议的背景下衍生出"冰上丝绸之路"，正是"极地"重要性的表现。

在经济意义与战略意义双重驱动下，从 20 世纪八十年代开始我国开始组织对极地的科学考察，同时投入科学技术力量进行极地研究。21 世纪以来，我国科学界对极地的研究日渐丰富，积累了大量的文献。

1. 编写本书的目的和意义

在互联网时代，保存和传播信息都异常的便利，随之而来的是"信息爆炸"。"皓首穷经"在互联网时代更具新意，人们面对的文献千百倍于古代人，迅速找到有用的信息而不是杂乱的信息才是吸收知识的关键。

随着科学的发展，科学谱系日益繁盛，文献仅用关键字搜索分类已经无法满足深度科学研究的需求。为了节省宝贵的时间，更需要对文献进行分类的工具书，帮助后来者站在前辈"巨人的肩膀"上继续前行。

（1）极地研究历史。

极地研究的历史可分为广义与狭义两种概念。广义的极地研究历史从人类踏足极地开始。伴随着地理发现，并与极地严酷的自然相适应，人类在极地的每一步都记录了人类对极地的研究与思考，适应与利用。随着极地考古的发展，极地研究的历史也在不断被刷新。狭义的极地研究与人类撰写极地相关的科学论文，设立专门的极地研究机构，建立北极大学等现代意义的科学研究活动相联系。

现在大家讨论的北极是指北纬66度以北的地区，这片地区有陆地和海洋，陆地部分是欧亚大陆和北美大陆的一部分。因此，人类踏足北极非常久远，在古代，并没有现在的电子地图，北纬66度也没有界碑或者地标，或许驱赶着驯鹿，或许躲避着仇敌，或许就是一趟漫不经心的旅行把人们带到了北极地区，然后有部分人留下来成为了北极原住民。北极考古的成果不断刷新北极历史的记录，萨米人、科米人、涅涅茨人、爱斯基摩人等原住民不仅有悠久的历史，而且有独特的文化。北极原住民在北极生存的历史包含了人类对北极的探索与发现，思考与研究。

南极指的是南纬66度34分至90度的区域。南极与北极不同，北极的中心是北冰洋，而南极是一块大陆，位于地球的最南端，被太平洋、印度洋、大西洋所包围。南极洲由大陆、陆缘冰、岛屿组成，总面积1424.5万平方公里，其中大陆面积1239.3万平方公里，陆缘冰面积158.2万平方公里，岛屿面积7.6万平方公里。全境为平均海拔2350米的大高原，是世界上海拔最高的洲。整个大陆只有2%的地方无长年冰雪覆盖，动植物能够生存。南极洲全洲无定居居民，只有来自世界各地的科学考察人员和捕鲸队。人类对南极的研究是从南极洲的探险开始的。

高极指的是青藏高原地区，绝大部分在中国境内。主要民族为藏族，民族语言为藏语，唐朝时期，中原文化批量传入西藏。自元朝开始，中央政权对西藏行使有效的管辖。西藏文化与古老的中华文化同气连枝，密不可分，藏医、藏药、藏传佛教等民族文化与中华文化难以切割。因此人类直接或间接对高极的发现和研究非常的久远。

而狭义上的极地研究国外大约从 20 世纪初开始，由极地的探险家带回的第一批的科学数据与标本开始。国内的极地研究开始于 20 世纪 80 年代。1983 年中国正式加入"南极条约"之后，开始筹备设立中国极地研究中心的前身"中国极地研究所"。21 世纪以后，国内高校开始先后成立极地问题研究机构。

（2）本书编写的目的。

本书编写的目的主要有三点：首先这是一本写给新手的书，我国对极地进行科学研究才兴起不久，很多新人不断加入研究队伍中来，因此对行业的基本状况的了解成为了入门的拦路虎。每一个开始极地研究的新人都会面临几个问题：这个领域里之前有过什么，有些什么人持有何种学术观点？有哪些研究领域？不同的研究领域有哪些文献？通过对这些问题的调查，才能避免重复前人已经做过的工作，找到突破口，进而确定下一步的研究计划。

其次，本书定位为一本工具书，按照不同的规则对文献进行分类，能够让读者轻而易举检索到自己需要的文献，并且定位该文献在专业领域内的位置。在俄罗斯，编目类图书每隔 10 年左右将会更新一次，不乏有人用这种编目类书籍来申请副博士学位，可见国外对专业工具书的重视。一本专业工具书犹如罗盘与指南针，帮助读者在茫茫文献的海洋中找到方向。

再次，本书是对之前国内外研究极地文献的一次盘点。本书将从中、英、俄三种不同语言的角度整理分类文献。尤其是极地研究俄语文献的整理，颇具新意。俄罗斯是研究极地最早的国家之一，早在 15—16 世纪，北极的摩尔曼斯克、阿尔汉格尔斯克已经崛起为著名的港口城市，且俄罗斯占北极圈内陆地面积的一半，俄罗斯对北极的开发有数百年的历史，因而积累下来的文献不可小觑，而长期以来，由于语言与政治的关系，俄罗斯对北极的研究并不被英语主导的国际科学界充分认识。本书将力图在此方向上加大研究力度。

（3）本书编写的意义。

第一，随着全球气候变暖，地球人口日益增多，世界主要国家都致力于谋求在极地利益。在中国，随着"一带一路"倡议的推进，"冰上丝绸之路"建设的蓝图也在迅速铺开，因此，极地本身已经成为具有极高的研究价值的研究方向。

第二，与西方国家相比，欧美发达国家和俄罗斯都在20世纪初或更早开始研究极地，而我国在20世纪八十年代才开始起步进行极地研究，因而极地研究相比之下还不够充分。在极地研究领域要能缩短差距，后来居上，首先要充分认识他人在极地研究领域的成果，只有继承才能发展。

第三，当前极地研究的机构分散，研究的文献种类繁多，从我国研究极地开始，迄今还未有过类似的工具书。

第四，目前的极地研究正处在承前启后的关键时期。此时对以往的研究进行盘点，有利于当前的极地研究突破瓶颈。

2. 本书的基本架构

本书分为两个部分共七章：绪论；第一章、国际极地研究机构与组织；第二章、国内极地研究机构与组织；第三章、极地研究期刊；第四章、极地研究专著；第五章、极地研究的论文；第六章、极地研究法律与法规；第七章、极地研究基金及项目、后记。

全书分为两大板块：极地研究机构与组织、极地研究文献。

（1）极地研究机构与组织。

极地研究机构与组织分为国际极地研究机构与组织和国内极地研究机构与组织。国际知名的极地研究机构与组织30个左右。国内近年来很多大学都纷纷建立了极地问题研究中心，具不完全统计已经有70多家，其中较为知名的16个左右。

（2）极地研究文献。

极地研究的文献分为五个部分：极地研究期刊、极地研究专著、极地研究的论文、极地研究法律与法规、极地研究基金与项目。

极地研究的期刊分为：中文期刊、英文期刊、俄文期刊。

极地研究的专著按研究方向分为：经济、政治、文化、历史、地理。每一方向再按中文著作、英文著作、俄文著作排序。除了按研究方向排序，有的部分还按照主要作者排序。

极地研究的论文按中文论文、英文论文、俄文论文排序，每一类别再按发表的时间逆序排列，越接近当下时间点的论文排序越靠前。按照时间排序的便利之处在于，可以比较直观地看到某一时段国内外极地问题关注的热点。

极地治理主要依靠法律法规，因此有关极地的法律文献丰富。按照中文、英文、俄文排序。

极地研究基金项目，因每个国家立项审批的程序不同，本书主要还是针对国内的读者，因此只收录国内的基金项目。

目　录

上篇　极地研究机构与组织

第一章　国际组织与机构

注：按照机构名称的汉语拼音排序。

1. 澳大利亚南极气候与生态系统合作研究中心（CRC，http：//acecrc. org. au/about/）

南极气候和生态系统 CRC 是澳大利亚了解南极地区在全球气候系统中的作用以及对海洋生态系统的影响的主要工具。研究中心的目的是为政府和行业提供有关气候变化可能影响的准确，及时和可行的信息。

高质量的科学研究需要高水平的合作。南极是一个极端的环境，CRC 在那里研究的气候过程和生态系统，并不涉及国家和制度边界。研究中心由七个核心合作伙伴和十三个支持合作伙伴组成，长期以来建成了富有成效的合作基础。从合作伙伴那里获取专业知识和支持促进了科学成果的获取。气候与生态合作研究中心的建立得到了澳大利亚政府的支持。CRC 的研究项目范围广泛且多学科。

2. 北极理事会（https：//www. arctic-council. org/index. php/en/about-us）

北极理事会（Arctic Council），又译为北极议会、北极委员会、北极协会。北极理事会是由美国、加拿大、俄罗斯和北欧五国（挪威、瑞典、丹麦、芬兰、冰岛）八个领土处于北极圈的国家组成的政府间论坛，于 1996 年 9 月在加拿大渥太华成立，是一个高层次国际论坛，关注邻近北极的政府和本地人所面对的问题。其宗旨是保护北极地区的环境，促进该地区在经济、社会和福利方面的持续发展。理事会主席一职由八个成员国家每两年轮流担任。2013 年 5 月 15 日，意大利、中国、印度、日本、韩国和新加坡成为理事会正式观察员国。

北极理事会的成员有：美国、加拿大、俄罗斯、挪威、瑞典、丹麦、芬兰和冰岛。

北极理事会的会议制度为：北极理事会成员国外长会议每两年举行一次。

北极理事会的特点：

首先，北极理事会的成立提升了北极治理的机制化程度，尽管北极理事会还是秉承《北极环境保护战略》以宣言的形式而非国际条约的形式成立，但北极理事会作为一个国际实体（international entity），在协调北极八国就共同关切议题采取行动以及促进北极地区的环境保护与可持续发展方面具有《北极环境保护战略》无可比拟的作用。

其次，在北极理事会中，北极地区的原住民组织的地位得到较大提升。在北极理事会框架下，依据《渥太华宣言》之规定，北极地区的原住民组织在北极理事会中被赋予了永久参与方的地位，永久参与方可以参与理事会的所有活动和讨论，理事会的任何决议应事先咨询其意见；虽然永久参与方没有正式的投票权，但这一变化就使得原住民的诉求将在理事会的决策中得到更为充分的考虑。

3. 冰岛海洋研究所（MRI，http：//www. hafro. is/undir _eng. php? ID＝2&REF＝1）

冰岛海洋研究所（Marine Research Institute，MRI）是冰岛渔业部下属政府机构。该机构在 1965 年成立，主要负责开展各种海洋研究，并向政府提供海洋资源和环境研究的科学建议。该研究所拥有约 130 名员工，2 艘科考船，5 家分部和海水养殖实验室。

冰岛海洋研究所三个主要活动领域：

（1）对冰岛周围和生物资源的海洋环境进行调研；

（2）向政府提供渔获量咨询意见；

（3）通告政府，渔业部门和公众有关海洋及其生物资源信息。

4. 丹麦哥本哈根大学冰和气候研究中（http：//www. iceandclimate. nbi. ku. dk/about_centre/）

温室气体的积聚正在极大地改变着地球的气候。关于全球温度的预计增加是否会融化格陵兰冰盖，并将海平面增加几米，这是一个激烈的争论。迫切需要更好地了解过去的气候并改善未来的气候预测。

冰芯提供了高分辨率的全面气候历史，并记录了耦合大气——海冰系统的全部动态。我们的愿景是通过研究冰芯，开发模型来解释观测和预测冰盖对气候变化的响应，从而有助于更好地了解当前和过去的温暖间冰期。

该中心将领导国际上最先进的气候研究，协调格陵兰深冰核的钻探（NEEM 项目是最新的），并成为丹麦极地和冰盖研究的焦点。

5. 德国极地与海洋研究中心：阿尔弗雷德·韦格纳研究所（AWI，https：//www. awi. de/en. html）

阿尔弗雷德韦格纳研究所（AWI）是世界上极少数在北极和南极同样活跃的科学机构之一。它在协调德国极地研究工作的同时还在北海和与德国相邻的沿海地区开展研究。

阿尔弗雷德韦格纳研究所（AWI）结合创新的方法，完善的研究基础设施和多年的专业知识，几乎探索了地球系统的所有方面：从大气层到海底。

6. 亚马尔—涅涅茨州北极科学研究中心（http：//www. arctic89. ru）

亚马尔—涅涅茨自治区"北极科学研究中心"隶属于自治州政府，于 2010 年在州长的倡议下成立，并成为该地区第一个广泛的科学机构。

它包括区域研究，考古学和人种学，环境监测和生物医学技术等部门。该机构团结已经在该地区工作的科学家，为吸引其他地区的年轻专家创造条件，并为亚马尔自治区的专业科学家群体的出现奠定基础。

7. 俄罗斯地理学会（http：//www.rgo.ru）

俄罗斯地理学会为俄罗斯、乌拉尔、西伯利亚、远东、中亚、高加索、伊朗、印度、新几内亚、极地国家和其他地区的研究作出了重大贡献，奠定了国家储备业务的基础。

俄罗斯地理学会汇集世界上最古老的地域的地理和相关科学领域的专家，以及爱好者、旅行者、环保人士、社会活动家、想要了解俄罗斯的新东西并愿意帮助保护自然资源的人。

8. 俄罗斯科学院南北极研究所（AARI，http：//www.aari.ru/）

国家研究中心"北极和南极研究所"是俄罗斯极地科学研究的领导者。

该研究所每年在北极地区进行数十次探险，其中"北极"漂流极地站的工作占据特殊地位。大气、冰盖、海洋环境和冰川过程的数据能够为实施国家碳氢化合物提取和运输项目选择最佳解决方案。AARI 工作人员准备充分的材料，以证实北极俄罗斯大陆架的外部边界。

五个俄罗斯站在南极洲不断运营，在季节性站点和基地开展工作。AARI 的科学家研究地球极地地区的自然环境、水文气象和生物物理过程和现象的主要规律，该研究所的专家对南大洋、北大西洋、北冰洋水域的水文状况，海洋学和水文特征进行研究，包括其边缘海域，北极河流的集水区和河口，以及俄罗斯联邦的其他冻结水域，航空气象制度和自由大气过程的研究和极地地区的表面大气以及高层大气和近地空间的研究。

AARI 的主要科学家对我们这个星球的极地研究做出了巨大贡献，他们与全球过程相联系。该研究所为在北极和南极，俄罗斯联邦冰冻海域水域，监测极地环境状况的方法，技术手段（航空航天）、冰，水文，海洋学，气象和生物物理过程和现象的诊断，计算和预测创建方法等）。

该研究所的一项重要活动是为水文气象学和相关领域的信息支持创建系统，方法，技术，软件和硬件。近几十年来，在北极和南极的水文气象网络的现代化和自动化方面取得了重大进展。

所有这一切使研究所能够在北极和远东海域的航运，钻井和采矿平台的水文气象支持运营中发挥主导作用。

该研究所的应用研究涉及冰的物理力学特性研究以及近海物体与冰的相互作用以及国家水文气象检查的可行性研究，建设项目和调查，以及极地地区的其他类型的经济和防御活动，包括大陆架和俄罗斯联邦冰冻海岸。该研究所活动的优先方向是工程—水文气象和工程 —生态调查，设计和建造海岸和陆架上的设施和结构。

AARI 是应用冰研究的公认领导者，支持最大型的海上项目。该研究所进行了数十次探险，并为复杂海上结构的设计者提供了必要的信息。

9. 法国保罗·埃米尔·维克多极地研究所

（IPEV，http：//www. amaepf. fr/index. phphttp：//www. taaf. fr/）

法国极地研究所（Institut Polaire Français Paul-Emile Victor（IPEV））是促进法国在极地地区研究的资源机构。IPEV 提供人力，后勤和技术资源和资金，但也为发展国家的极地和次极地科学研究设定了必要的法律框架。

IPEV 总部位于布雷斯特。其常驻团队约 50 人，管理组织科学考察所需的资源和设施，包括在极地地区建立的六个法国站（一个在北极，两个在南极，三个在亚南极岛），极地船只星盘和海洋船（Marion Dufresne）。平均每年支持和实施 80 个科学计划。

历史沿革：1992 年 1 月，法国极地研究与技术研究所（IFRTP）诞生于法国南部，与研究南极地区的 TAAF 和法国极地探险组织 EPF 的研究任务相融合。IFRTP 于 1993 年在布雷斯特成立，于 2002 年 1 月以 Institut polaire français Paul-ÉmileVictor(IPEV) 的名义存在。

10. 法国海洋开发研究院(IFREMER 网站：https：//wwz. ifremer. fr/)

法国国家海洋研究机构。1984 年 6 月由原在布雷斯特的法国国家海洋开发中心（CNEXO）和南特海洋渔业科学技术研究所(ISTPM)合并而成，简称 IFREMER。研究院受法国工业科研部和海洋国务秘书处双重领导，研究海洋开发技术和应用性海洋科学。具体工作任务有：制订和协调海洋开发计划，审议和决定其下属机构的海洋研究与开发计划，研制用于海洋开发与研究的仪器和设备，参加海洋开发的国际合作计划，促进法国海洋科学应用技术或工业产品的出口。

法国海洋开发研究院有渔业和海洋生物、环境和海洋研究、海洋技术 3 个业务部门。下设 5 个研究中心：布雷斯特中心(即布列塔尼海洋科学中心)，滨海布洛涅中心(以水产研究为主)，南特中心(即南特海洋渔业科学技术研究所)，土伦中心(即地中海海洋科学基地)，塔希提中心(即太平洋海洋科学中心)，分别从事海洋科学和技术研究。这些机构自建立以来，在海洋生态、渔业、水产养殖、潜水技术的研究等方面取得了很大成就。该院拥有包括"让·夏尔科"号在内的海洋调查船 13 艘，以及"新纳"号等潜水器。

11. 芬兰拉普兰大学北极中心(https：//www. ulapland. fi/InEnglish/About-us)

拉普兰大学(University of Lapland)位于芬兰的罗瓦涅米，建校于 1979 年，坐落在北极圈上，是全欧洲地理位置最北的大学，在芬兰排名前十，和赫尔辛基大学、奥卢大学、坦佩雷大学有同等重要的地位。在建校初期，拉普兰大学只有 300 人，而今已有 3600 多学生和 600 多名教职员工。拉普兰大学已成为全芬兰最出名的大学之一。

拉普兰大学还有着极其尖端的研究设备和队伍，尤其体现在艺术和设计、教育、旅游业、国际法学、环境理论和应用等方面。

1992 年，拉普兰大学成立了北极中心这一开放式研究机构。北极中心设有永久展览区，生动地展示了北极地区的自然和生命的演变过程、人类与北极的相互关系。展览厅还收集了生活在北极地区土著民族爱斯基摩和拉普人的文物，记录了他们的传统和风俗习惯。拉普兰大学还以优美的雪景和罕见的北极光出名。在拉普兰大学所在的罗瓦涅米地区，圣诞老人、午夜太阳、北极光都相当出名。

12. 国际北极科学委员会（IASC，https：//iasc. info/outreach/news-archive）

IASC 于 1990 年由 8 个北极国家的代表建立。从那时起，IASC 已经发展成为北极的主要国际科学组织，其成员今天包括 23 个参与北极研究的国家。

IASC 的使命是鼓励和促进北极研究的各个方面的合作。IASC 的主要科学工作机构是五个工作组：大气、冰冻圈、海洋、社会和人类以及陆地科学。这些小组制定他们的工作计划和开展跨学科合作。他们向 IASC 理事会提供咨询，确定和制定科学计划，确定并推进研究重点，鼓励科学主导的项目，并促进培养未来的北极科学家。

总的来说，IASC 促进和支持前沿跨学科研究，以便建立对北极地区在地球系统中的作用的更深入的科学理解的机制。

IASC 的主要活动：

1. 协调对北极科学现状的关注来确定研究重点。例如，其领导的 ICARP(关于北极研究计划的国际会议)每 10 年进行一次(1995 年，2005 年和 2015 年)。

2. 促进主要的国际研究项目，如 MOSAIC(北极气候研究多学科漂移观测站)和极地预测年项目(YOPP)。

3. 与当地合作伙伴一起召集和共同组织年度北极科学高峰周会议（ASSW），与战略伙伴一起举办两年一度的北极观测峰会（AOS），并通过其工作组举办科学研讨会。

4. 通过支持 SAON（持续北极观测网络）和 ADC（北极数据委员会），促进观测、监测和数据管理。

5. 是北极理事会的一个被认可的观察员和科学顾问组织，对北极理事会科学合作工作队等活动作出贡献。

6. 提供科学建议，比如为诸如北极淡水合成（AFS）、北极人类发展报告（AHDR）和北极雪、水、冰和冻土（SWIPA）报告的合成作出贡献。

7. 通过 IASC 奖学金项目和提供差旅资助来自持年轻北极学者。

13. 国家南极局局长理事会（COMNAP，https：//www. comnap. aq/SitePages/Home. aspx）

国家南极局局长理事会（COMNAP）是各国主管南极事务的部门负责人的组织。成立于 1988 年，每年召开一次会议，主要致力于提供一个论坛，使各成员国有关南极的问题能及时、有效、和谐地加以讨论并得到解决。本届会议的主要议题有：在南极提供医疗保障、空中保障、先进的能源资源、在南极水域的航行、垃圾处理技术。

14. 国际南极数据管理联合委员会（JCADM）

南极数据管理联合委员会（JCADM）由南极研究科学委员会（SCAR）和国家南极计划管理委员会（COMNAP）于 1997 年成立。在南极洲开展和协调科学研究，拥有 31 个国家的成员，促进科学研究，重视物流和安全。

JCADM 的成员由国家南极数据中心（NADC）的管理人员（如果相关国家的 NADC 尚未成立，则为相关的国家联系人）组成。

目前有 30 个国家参与 JCADM：阿根廷、爱沙尼亚、韩国、俄罗斯、美国、澳大利亚、芬兰、马来西亚、西班牙、乌拉圭、比利时、法国、荷兰、南非、保加利亚、德国、新西兰、瑞典、加拿大、印度、挪威、瑞士、智利、意大利、秘鲁、乌克兰、中国、日本、波兰、英国。

JCADM 职权范围：就数据管理问题向 SCAR 和 COMNAP 提供建议、促进南极科学界的数据管理、招募和协助国家南极数据中心（NADC）、建议并协助制定（国家）南极数据管理政策和优先事项、协调南极数据集主目录的建设、进一步的数据访问、南极数据集主目录（AMD）南极和南大洋数据集描述的全球清单、在线可搜索的南极数据集描述数据库：数据集描述采用目录交换格式（DIF）、包含超过 3500 个数据集描述，是南极数据集描述的最大目录，由美国宇航局的全球变化主目录（GCMD）主办。

15. 韩国极地研究所（KOPRI，http：//eng. kopri. re. kr/）

韩国极地研究所位于韩国仁川市，以扩大国家范围内的极地活动，和取得国际水平的极地研究成果为目标。于 1990 年成为南极研究科学委员会（SCAR）的正会员（世界第 22 个正会员），2002 年加入国际北极科学委员会（IASC）。于 2009 年成功建造韩国第一艘碎冰研究船 ARAON 号，多次派越冬队到南极和北极进行考察和研究。现有极地气候科学研究部、极地地球程序研究部、极地生命科学研究部、极地海洋科学研究部、极地古环境研究部、韩国航道事业团、海水面变动预测事业团等多个研究部门和两个南极科学基地（1988 年建成的南极世宗科学基地和 2014 年建成的张保皋科学基地）、一个北极科学基地（2002 年建成的北极茶山科学基地）。

16. 罗伯特普利兹克陨石和极地研究中心（https：//meteorites. fieldmuseum. org/node/16）

罗伯特·普利兹克陨石与极地研究中心于 2009 年在菲尔德博物馆成立，通过 Tawani 基金会提供的 730 万美元赠款。菲尔德博物馆拥有世界上最大的陨石收藏品之一。Tawani 基金会由芝加哥投资者和慈善家 COL(IL) James N. Pritzker IL ARNG (Ret。)创立，他对陨石产生了浓厚的兴趣，并参加了南极洲的探险活动。捐赠基金在该博物馆建立了罗伯特 A. 普利兹克陨石和极地研究中心，以詹姆斯·普利兹克的父亲的名字命名，其中包括负责策展人、收藏经理和兼职策展人的学术工资。

该中心重点关注陨石学和宇宙化学研究，特别是太阳谷物研究"实验室中的天体物理学"以及通过化石陨石，微陨石和陆地撞击坑向地球传播外星物质的研究。该中心还与 SETI 研究所和印度地质调查局合作进行极地研究。

除了研究，该中心还与大学合作伙伴一起从事研究生和本科生教育以及公共宣传活动。该中心与菲尔德博物馆的教育部合作，参与教育工作者，教师，高中学生的教育和家庭外的专业发展。

17. 美国北极研究协会(ARCUS，http：//www. arcus. org/)

自 1988 年以来，美利坚合众国北极研究联合会(ARCUS)一直在持续北极研究。该协会将北极研究与组织、学科、地理、部门、知识体系和文化联系起来。ARCUS 以美国为基础，是一个全球联系，多元化的美国研究机构，得到政府机构，基金会和其他对北极相关研究持有热情的人的支持。

北极土著文化，技术和教育。这是科学家，工程师，教育工作者和土著科学家的主要问题。

为了进一步全面了解北极，ARCUS 与其他组织机构一起工作，如美国北极研究委员会(USARC)、极地研究委员会(PRB)、国际北极科学委员会(IASC)、极地青年职业科学家委员会(APECS)、北极大学(UArctic)和极地教育国际(PEI)等。

ARCUS 的目标是研究北极土著文化：土著拥有自己的方法，验证和评估过程；土著社区驱动的研究；土著社区是研究的重要组成部分，并重点关注交叉参与和额外努力的机制。

ARCUS 核心价值：

1. 共享知识

2. 透明度

3. 多知识和跨学科合作

4. 知情决策

5. ARCUS 使命

6. 促进美国的跨领域知识，研究，交流和教育。

ARCUS 目标：

1. 网络-ARCUS 将成为一个更广泛，更具包容性的社区，致力于北极研究。

2. ARCUS 将成为双向沟通的持有者。

3. ARCUS 将领导支持研究社区和促进合作。

4. ARCUS 总部位于阿拉斯加的费尔班克斯。

18. 美国俄亥俄州立大学伯德极地研究中心（Byrd Polar Research Center，https：//byrd. osu. edu/）

伯德极地和气候研究中心以探险家海军上将 Richard E. Byrd 的名字命名，近 60 年来一直是极地，高山和气候研究的国际领导者。我们从事前沿研究，教育和外展活动，以加强俄勒冈州立大学的计划：极地和高山地区，冰冻圈过程，过去气候的重建，气候变化和变化以及气候对环境和社会的影响。我们是一个由科学家组成的协作、跨学科和包容性的社区，拥有专业的项目支持，专业设施和协同计划，可与不同的受众进行互动。

19. 南极海洋生物资源养护委员会（CCAMLR）

Commission for the Conservation of Antarctic Marine

1980 年 5 月 20 日，为保护与合理利用南极海洋生物资源，澳大利亚、新西兰、美国等国签署了《南极海洋生物资源养护公约》(以下简称公约)。公约中规定,各缔约方特设立南极海洋生物资源养护委员会(以下简称委员会),目的是管理南极海域生物资源。该委员会是《南极条约》框架下管理海洋生物资源的唯一多边机构。

秘书处

委员会应根据其确定的程序、条款和条件,任命一名执行秘书,为委员会和科学委员会服务。执行秘书的任期为 4 年,可以连任。

委员会应根据需要确定秘书处工作人员的编制,执行秘书应根据委员会确定的有关规则、程序、条款和条件,任命、指导和监督上述工作人员。

执行秘书和秘书处应行使委员会委托的职能。

委员会和科学委员会的正式语言为英语、法语、俄语和西班牙语。

全体成员

阿根廷、澳大利亚、比利时、巴西、智利、中国、欧洲联盟、法国、德国、印度、意大利、日本、韩国、纳米比亚、新西兰、挪威、波兰、俄罗斯、南非、西班牙、瑞典、乌克兰、英国、美国、乌拉圭。

加入国

保加利亚、加拿大、库克群岛、芬兰、希腊、毛里求斯、荷兰、巴基斯坦、巴拿马、秘鲁、瓦努阿图、巴拿马。

20. 南极条约协商会议(ATCM)

1959 年 12 月 1 日由阿根廷、澳大利亚、比利时、智利、法兰西共和国、日本、新西兰、挪威、南非、苏联(1991 年苏联解体后分裂出 15 个国家:东斯拉夫三国、波罗的海三国、中亚五国、外高加索三国、摩尔多瓦)、英国和美国等国建立,承认南极洲永远继续专用于和平目的和不成为国际纠纷的场所或对象,是符合全人类的利益的;确认在南极洲进行科学调查方面的国际合作对科学知识有重大的贡献。旨在约束各国在南极洲这块地球上唯一一块没有常住人口的大陆上的活动,确保各国对南极洲的尊重。该条约中规定，南极洲是指南纬 60° 以南的所有地区，包括冰架，总面积约 5200 万平方公里。条约的主要内容是：南极洲仅用于和平目的，促进在南极洲地区进行科学考察的自由，促进科学考察中的国际合作，禁止在南极地区进行一切具有军事性质的活动及核爆炸和处理放射物，冻结目前领土所有权的主张，促进国际在科学方面的合作。

该公约 1959 年 12 月 1 日订于华盛顿，1961 年 6 月 23 日生效。1983 年 6 月 8 日中华人民共和国政府向加入国政府交存加入书，并自该日起对我国生效。

21. 南极研究科学委员会(SCAR)

南极研究科学委员会(简称 SCAR)是管理南极科学事务的民间科学团体。南极研究科学委员会是国际科学联合会理事会(ICSU)属下的一个多学科科学委员会。它是国际南极科学的最高学术权威机构，负责国际南极研究计划的制定、启动、推进和协调。通过每两年一次的大会和组织一系列的学术研讨会，定期发布国际南极研究的最新发现，并提出南极科学研究新的优先领域，为其成员国指明研究方向。

1957 年 9 月，国际科学联合会决定邀请在南极从事科学研究活动的 12 个国家建立一个组织，以代替国际地球物理年特别委员会，这就是后来的南极研究科学委员会。有关南极的外交活动事务是在《南极条约》的协商会议上进行的，而与南极科学研究有关的问题则是由南极研究科学委员会进行管理的。实际上，《南极条约》中关于科学研究的国际合作方面的信息都是由南极研究科学委员会提供的。建立南极研究科学委员会的目的是为了南极系统的科学研究，它是个永久性的组织，现在已经成为南极系统不可分割的一部分。

中国于 1986 年成为 SCAR 正式成员国。

"SCAR"下设 3 个常设科学组，分别是：

地球科学常设科学组（Ceosciences Standing Scientific Gmup-SSG），由有关国家、相关领域的科学家组成，如测绘学科学家、地理学家、地球物理学者、地理信息系统专家等，专门负责地球科学方面的研究、协调等工作。

其他常设科学工作组：生命科学常设科学组（LSSSG）；物理科学常设科学组（PSSSG）。

2002年，在上海召开的SCAR大会上，为适应极地学科发展所需，"SCAR"对工作组的机构设置进行了合并重组，将大地测量与地理信息工作组（The Working Group on Geodesy and Geographic Information WG-GG）归并入地球科学常设工作组（Globe Science Standing Group-GSSG）。

在2002年之前，SCAR下设的大地测量与地理信息工作组（WG-GGI）的代表，由各国相关组织派员参加，负责协调南极科学考察活动所需的大地测量基础框架、地图测绘等，并发布南极地理信息，大地测量与地理信息工作组各国国家常设代表名单。

22. 挪威极地研究所（Norwegian Polar Institute，网站：http：//www. npolar. no/en/）

挪威极地研究所的成立可以追溯到1906年至1907年对斯瓦尔巴特地区的科研探险，随后，1928年挪威极地研究所正式成立，并于1998年从奥斯陆迁往特罗姆瑟。研究所隶属于挪威环境部，主要负责北极地区的环境监测、实地考察和数据收集工作，并就北极地区的相关问题对挪威当局提出建议。

挪威极地研究所对北极冰川和生物的研究在世界上处于领先地位。2009年3月，研究所专门成立了"冰、气候和生态系统研究中心"（Centre for Ice，Climate and Ecosystems），简称ICE，该中心的研究工作将集中在北极海冰的变化过程，同时关注南极冰盖及其与海洋间的相互作用。

23. 挪威南森研究所 (The Fridtjof Nansen Institute (FNI) , https：//www. fni. no/about-fni/)

弗里德约夫·南森研究所(FNI)是一个独立的基金会，致力于国际环境，能源和资源管理政治和法律的研究。在这个框架内，该研究所的研究主要围绕七个重点进行：全球环境治理和法律、气候变化、海洋法和海洋事务、生物多样性和遗传资源、极地和俄罗斯政治、欧洲的能源和环境、中国的能源和环境。

研究所主要学科是政治学和国际法，但 FNI 研究人员还拥有经济学，地理学，历史学和社会人类学学位，并在俄罗斯和中国拥有特殊的语言沟通能力。FNI 目前拥有约 35 名员工，其中包括约 25 名全职研究人员和 3~6 名学生。

FNI 的活动包括学术研究，合同研究，调查和评估。

FNI 的资金来源包括挪威研究委员会，挪威各公共机构，商业协会和私营公司，欧盟委员会和国际研究基金会。

FNI 与挪威和国外的其他研究机构和个人研究人员进行了广泛的合作。它致力于向用户以及广大公众提供其相关专业知识。

24. 日本国立极地研究所(网站：http：//www. nipr. ac. jp/)

日本国立极地研究所设立于 1973 年 9 月 23 日，是以"进行极地观测与综合研究"为目的的大学共同利用机构，其创办宗旨是通过国内共同研究及国际共同研究，强化全国大学的研究能力。本研究所也是全国唯一进行极地的综合性研究的研究所。

本研究所的研究对象是以极地为中心的全球规模的环境变化，因此国际合作是不可或缺的。本研究所于 1992 年加入 IASC(国际北极科学委员会)，依托国际科学会议(ICSU)旗下的 SCAR(南极研究科学委员会)、IASC(国际北极科学委员会)、SCOSTEP(太阳地球系物理学科学委员会)等学术组织构成的框架，与世界各国通力合作，进行观察研究的同时，努力追求世界先进的"极地特色"的科学知识。

创立以来，本研究所团队积极派出检测团队赴南极和北极考察，并建立了南极 ASUKA 基地（1985 年）、北极 Ny-Ålesund 基地（1991 年）等多个极地观测基地。2009 年，新 SHIRASE 号南极监测船正式投入使用。随着 2018 年极地环境数据科学中心的成立，本研究所与该中心紧密合作，开展了"南极造成的地球系统变化"、"北极地区可持续发展的挑战（ArCS）"等主题的极地研究项目。

25. 瑞典极地研究秘书处（http：//www. polar. se/english/index. htm）

瑞典极地研究秘书处是一个促进和协调瑞典极地研究的政府机构。这包括规划研究与开发，以及组织和领导北极和南极洲的研究探险。

瑞典政府已任命下列人士为瑞典极地研究秘书处咨询委员会成员：

斯蒂芬·克劳什，瑞典自然历史博物馆教授。

列那·噶斯塔福生，优米欧大学教授兼前副校长。

安娜·佐伯，瑞典海洋与水管理局科学事务部主任。

连那德·诺希，瑞典国家空间委员会前科学主任。

彼得·斯科特，优米欧大学（Arcum）北极研究中心教授。

伊娃·桑拿罗夫，瑞典环境保护局系主任。

妮娜·沃木慈，瑞典皇家理工学院科学，技术和环境历史系主任。

26. 斯科特极地研究中心（Scott Polar Research Institute（SPRI），网站：https：//www. spri. cam. ac. uk/）

是英国剑桥大学地理学系下辖的科研机构，研究世界各地极地与冰河学。SPRI 成立于 1920 年，纪念在南极探险归途中罹难的罗伯特·法尔肯·史考特和他的队员们。SPRI 还主持国际冰川学会和南极研究科学委员会的秘书处，是自然环境研究理事会极地观测与模拟中心的一部分。

研究议题涉及北极地区和南极地区的环境科学、社会科学和人文科学。机构人员约 60 人，由学者、图书馆人员、职员和研究生组成。SPRI 宣称拥有最完善的极地图书与档案资料。除了学术书籍和期刊，在极地探险资料上，有特别丰富的馆藏。包括采访曾待在极地多年的研究计划。也是国际科学理事会下辖的世界冰河资料中心总部。

27. 斯特凡森北极研究所（SAI，http：//www. svs. is/en/about-us）

斯特凡森北极研究所（SAI）成立于 1998 年，位于冰岛阿库雷里，是冰岛环境和自然资源部内的一个独立的政府研究机构。参见斯特凡森北极研究所法案和冰岛北极事务联合委员会。SAI 采用跨学科的方法来了解北极圈的人与环境关系。特别强调有关经济系统和人类发展，海洋资源治理，农业系统政治生态以及过去和现在气候变化的影响和适应的研究和科学评估。

阿库雷里是冰岛北部的首都，也是越来越多的北极活动和活动中心。这个友好的小镇因举办有关北极问题的研讨会，会议和讲座而享有盛誉。

北极理事会的两个秘书处与研究所位于同一建筑物（Borgir）：北极动植物保护区（CAFF）和北极海洋环境保护区（PAME）。冰岛北极合作网络以及 2017 年 1 月 1 日起，国际北极科学委员会（IASC）秘书处设在 Borgir。

28. 维多利亚大学南极研究中心（ARC，https：//www. victoria. ac. nz/antarctic）

维多利亚大学南极研究中心被公认为南极研究的世界领先者。

南极研究中心（ARC）是科学学院的卓越研究中心，直接向科学院院长报告。它与地理，环境和地球科学学院并行，学院的工作人员和设施共享。

该中心还为沉积学，冰川学，古气候学和南极事务的本科和研究生教学和研究监督做出贡献。

2004 年 7 月，咨询委员会通过了南极研究中心的任务：研究南极地球科学领域，重点关注过去的气候历史进程及其对新西兰及全球气候的影响，因此：

提供与中心研究相关的大学教学服务；

按要求就南极问题向政府提出建议；

促进南极研究及其对社会的价值。

ARC 旨在提高对南极气候历史和冰盖过程及其对新西兰和地球系统影响的认识。中心的研究为年轻研究人员提供了令人兴奋的机会，中心是国际气候变化评估的良好平台，并将帮助建立一个更具弹性的新西兰。

资源

南极研究中心（ARC）目前由 Andrew Mackintosh 教授执导。该中心拥有一个地图库，以及一系列专门用于极地海洋研究的设备。这些物品包括冰和热水钻，绞车，海洋仪器和 GPS 测量设备。

自 1957 年以来，维多利亚大学的工作人员和学生每年都要参加各种研究项目的实地研究。结果报告在学生论文和科学论文中。

新的研究提案

实地研究提案必须提交给新西兰。项目批准后，新西兰承诺向南极洲研究提供旅行，食品和住宿。但是，必须从政府研究经费等其他来源获得资金，资金资助住宿，生活用品和往返克赖斯特彻奇的交通以及购买科学设备的费用。

29. 新西兰南极研究所（NZARI，http：//nzari. aq/）

新西兰南极研究所的愿景是：在气候变化的挑战扩大之前，新知识促使人类采取行动。

研究的重点是南极洲和南大洋：气候变化带来的一些重大影响的来源，特别是罗斯海区，南大洋到达罗斯冰架下方最南端(南纬 85 度)。

研究所使命是在新西兰建立世界领先的研究团队，以解决具有全球意义的问题。我们的目标是促进新西兰的研究，促使社区，政策制定者和领导者采取行动。

研究有关南极洲变化及其不断变化的环境对新西兰及其他地区的后果，组织寻求为 NZARI 提供资金的机构与个人。

NZARI 的资金来源于慈善信托基金。

30. 中国—北欧北极研究中心（CNARC，https：//www.cnarc.info/）

2013 年 12 月 10 日，中国极地研究中心、冰岛研究中心等 10 家来自中国和北欧五国（冰岛、丹麦、芬兰、挪威、瑞典）的北极研究机构在上海签署协议，宣告中国—北欧北极研究中心（以下简称北极研究中心）正式成立。据介绍，作为中国和北欧五国开展北极研究学术交流与合作的平台，北极研究中心将致力于增进各方对北极及其全球影响的认识、理解，促进在全球意义下北欧北极的可持续发展以及中国与北极的协调发展，并将围绕北欧北极以及国际北极热点和重大问题，推动北极气候变化及其影响、北极资源、航运和经济合作、北极政策与立法等方向的合作研究和国际交流。据悉，北极研究中心开展合作研究的形式包括：围绕合作主题组织合作研究课题；为中国和北欧国家的学者和研究生提供访问学者津贴和奖学金，发展北极研究合作网络，开拓北极研究前沿；定期组织中国—北欧北极合作研讨会及相关工作会议；支持中国和北欧国家之间的北极文化交流与信息共享。北极研究中心设立成员机构会议和秘书处。成员机构会议由来自中国和北欧国家的成员机构指定代表组成，秘书处设在中国极地研究中心。

31. 中国香港极地问题研究中心（http：//www.hkpri.org）

香港极地研究中心于 2015 年成立，是香港特区唯一的极地科研单位。研究中心致力于召集香港科学家与专家，发挥一国网制优势和香港人灵活拼搏的精神，实施"胸怀大志，勇闯巅峰"的计划，期望为国家，为港澳台地区打造科研文化品牌，作出切实的科研成果，积极培育优秀人才，推动国家迈向小康、富强与人类文明的可持续发展。

香港极地研究中心训练来自不同阶层、胸怀大志、积极关心地球环境、经济和社会可持续发展的杰出领袖。通过学习、体验、反思、团队合作、调研、大脑风暴和文化交流等活动，提升他们的全球视野、磨炼意志力，并通过实际参与科学与环境研究，推动思想创新和增强决策力，培养具有家国情怀的优秀青年。

香港极地研究中心于 2018 年在挪威斯瓦尔巴德群岛建立了极地研究所"紫荆站"，位于北纬 78 度 13 分，紫荆站与中国北极黄河站距离110 公里并互相支持合作。

香港极地中心的创始人兼中心主任何建宗教授为香港环境科学院院长，主要研究项目有：

海洋微生物研究；

红潮、藻华及有机神经毒素研究；

地衣空气污染指标；

有机污染物和空气污染；

海洋漂浮废物及微胶粒；

高纬度极地植物分布；

香港极地中心的网站正在建设之中。

第二章　中国极地组织与研究机构

注：按照机构名称的汉语拼音排序。

1. 北京师范大学极地研究中心

北京师范大学新成立了北师大极地研究中心并发布最新数据成果。中心设有极地遥感与气候变化、极地天文、极地生态与环境和极地心理学四个研究方向。

北师大极地研究中心的成立旨在整合学校在极地科学领域的优质学术资源，创建服务于国家极地战略需求、面向国际前沿的创新性交叉科研平台。

中心设有极地遥感与气候变化、极地天文、极地生态与环境和极地心理学四个研究方向，将携手开展南北极交叉科学研究。

北京师范大学极地研究中心展示了一系列最新极地科研成果，这也是我国极地科学家对世界首次正式发布研究数据成果。

中心首次发布了 2005 年到 2011 年南极洲冰架崩解数据集，它是迄今人类对南极冰架崩解做出的最精确和细致的度量。

另一个数据成果是极地遥感无人机系统及 2015 年航拍获取的南极拉斯曼丘陵三维影像，"极鹰一号"小型无人机刚刚圆满完成飞行任务从中山站区返回国内，这是我国首次在南极地区利用无人机进行遥感测绘作业，从 2014 年 12 月至 2015 年 1 月，科考人员克服极地极端恶劣环境共开展了 7 个架次的航拍，完整覆盖拉斯曼丘陵和达尔克冰川前缘。

2. 大连海事大学极地海事研究中心

作为交通运输部直属院校、国家"211 工程"建设高校、"一流大学和一流学科"建设高校，服务于"交通强国"建设的同时，大连海事大学和极地"缘分"颇深。

大连海事大学在百余年的办学进程中，为引领海事教育发展、推动交通科技与文化进步作出了重要贡献。北极相关领域的科学研究与国际合作是国家重大时代命题，2010 年学校便成立北极海事研究中心，后又陆续加入北极大学和北太平洋北极研究网络。学校主动依托这些研究平台开展北极通航与交通安全、资源与环境保护、国际法律与政策等领域的科学探索与创新实践。

2016 年，在中国—北欧北极研究中心（CNARC）第四届研讨会上，大连海事大学申请成为中国—北欧北极研究中心（CNARC）新成员，并成功获得该框架下 2017 年研讨会的主办权。2017 年 5 月 25 日，由大连海事大学和中国极地研究中心联合举办的第五届中国—北欧北极合作研讨会开幕式在大连海事大学大学生活动中心召开。

3. 广东外语外贸大学南国商学院极地问题研究中心

广东外语外贸大学南国商学院极地问题研究中心成立于 2017 年 6 月，是教育部国别与区域研究基地，中国-北欧北极研究中心（CNARC）成员单位，并与亚马尔—涅涅茨自治区北极科学中心等多家国外极地研究机构建立了合作关系。南国商学院极地问题研究中心背靠蓬勃发展的粤港澳大湾区，依托广东外语外贸大学南国商学院多语言及经济应用型教学的特色，深度探讨相关的南北极问题，着力于北欧 5 国与俄罗斯极地经济贸易与历史文化研究。

南国商学院极地问题研究中心网站正在建设中。

4. 吉林大学极地研究中心（http：//polar. jlu. edu. cn/Home/News/index/cid/2. html）

吉林大学极地研究中心成立于 2010 年 12 月 26 日，致力于研究极地区域的自然现象及其与地球系统其他部分之间的交互作用。

地球的极地区域—北极和南极—由极地圈覆盖,占地面积约为8400万平方公里,是地球表面积的16.5%。这些区域仍然一直保留着未开发的地方,还是尚未开启的知识宝藏。极地研究中心的主要研究方向包括:

- 极地区域钻探设备的开发;
- 低温钻孔测井工具的开发以及冰盖和冰川地球物理研究;
- 冰性质的研究方法。

中心团队由7名全职职工,4名兼职职工和15名研究生组成,开发了多种用于钻进、测井和冰芯处理设备试验的设施。目前主要参与了关于南极研究的四个大型项目和若干小型项目。自中心成立以来,极地中心的成员们参与了多个野外考察项目并发表了多篇文章,撰写了2本专著,取得了多项专利。

5. 聊城大学北冰洋研究中心

聊城大学北冰洋研究中心是我国第一家以北冰洋社会科学为研究对象的学术机构,现有专职及兼职研究人员31人,其中包括校内兼职科研人员12人、国内外从事极地研究的权威学者11人、全职外国专家5人,以北极人类学、考古学、历史学、国际关系学为研究重点。中心已与美国阿拉斯加大学、美国马里兰大学、美国史密森协会北冰洋中心、美国北大西洋生态文化协会、荷兰格罗宁根北冰洋中心、芬兰拉普兰大学北冰洋中心等10多家北冰洋研究机构建立了合作关系。自2018年3月成立以来,已成功举办两次国际会议,在国际北极社会科学领域中影响力日增。

中心全体研究人员将通过科研、教学与国际交流与合作等各项活动为中国和世界打造一个国际性的北冰洋社会科学研究基地,为国内外学者、学生提供一个独特的研究、学习空间。中心的目标与使命还包括北极知识的公众推广与中国未来北冰洋科研人员的培养等。目前,中心与美国阿拉斯加大学人类学系合作进行的联合培养博士计划已经顺利启动。

6. 人民大学重阳金融研究院(http：//rdcy-sf. ruc. edu. cn/)

中国人民大学重阳金融研究院(人大重阳)成立于 2013 年 1 月 19 日,是重阳投资董事长裘国根先生向母校捐赠并设立教育基金运营的主要资助项目。

作为中国特色新型智库,人大重阳聘请了全球数十位前政要、银行家、知名学者为高级研究员,旨在关注现实、建言国家、服务人民。目前,人大重阳下设 7 个部门、运营管理 3 个中心(生态金融研究中心、全球治理研究中心、中美人文交流研究中心)。近年来,人大重阳在金融发展、全球治理、大国关系、宏观政策等研究领域在国内外均具有较高认可度。

7. 上海国际问题研究院海洋和极地研究中心 (http：//www. siis. org. cn/Research/Center/6)

上海国际问题研究院成立于 1960 年,是隶属于上海市人民政府的高级研究机构和知名智库。研究院的主要任务是:以服务党和政府决策为宗旨,以政策咨询为方向,通过对当代国际政治、经济、外交、安全的全方位研究,为党和政府决策提供有力的智力支持;通过与国内外研究机构和专家学者的合作交流,增强我国的国际影响力和国际话语权,提升国家的软实力。

研究院现有研究人员和科辅人员编制共 106 人,其中高级研究人员占 60%。我院于 2006 年被权威机构评为全国十大智库,2008 年被评为世界十大智库(非美国)。

上海国际问题研究院下设六个研究所和六个研究中心,分别是:全球治理研究所、外交政策研究所、世界经济研究所、国际战略研究所、比较政治和公共政策研究所、台港澳研究所;美洲研究中心、亚太研究中心、俄罗斯中亚研究中心、西亚非洲研究中心、欧洲研究中心、海洋与极地研究中心。此外，该院还是上海国际战略研究会和上海国际关系学会的机构会员。

上海国际问题研究院编辑出版的中文刊物《国际展望》双月刊和英文刊物 *China Quarterly of International Strategic Studies* 季刊已经成为国际问题研究领域的重要学术论坛。

8. 上海海洋大学国际海洋研究中心（http：//hyxy. shou. edu. cn/international_marine/）

上海海洋大学国际海洋研究中心瞄准国际基础前沿和国家重大需求，在海洋研究院框架内，通过引智工程，柔性引进国际上一流的科学家为学术领衔，带领国内相应的团队开展科学研究，形成高起点、高质量的研究成果，为上海海洋大学海洋学科跨越式发展和国际高层次人才培养提供平台。

目前，中心从美国国家海洋和大气管理局（NOAA）、缅因大学、麻省大学、马里兰大学、夏威夷太平洋大学、伍兹霍尔海洋研究所等院校和研究机构引进海洋及渔业领域的国际著名学者，设立极地海洋学、海洋微波遥感、海洋生态系统量化与评估、海洋生物系统和神经科学、深渊科学等 5 个研究方向，分别由美国麻省大学陈长胜教授、美国国家海洋和大气管理局（NOAA）李晓峰研究员、美国缅因大学陈勇教授、美国马里兰大学宋佳坤教授、夏威夷太平洋大学方家松教授担任首席科学家。通过机制创新，使中心成为国际学术合作和凝聚国际优秀人才的重要基地，成为具有持续创新能力的国际学术基地。

9. 同济大学极地与海洋国际问题研究中心（http：//cpos. tongji. edu. cn/）

同济大学极地与海洋国际问题研究中心于 2009 年 9 月成立（初期名称为"同济大学极地研究中心"）。中心是国内高等院校中最早成立的对北极地区和南极地区国际政治、法律、安全、社会、环境、经济以及中国极地战略和政策等进行综合性和专题性研究的学术机构。

同济大学极地与海洋国际问题研究中心依托同济大学政治与国际关系学院，凝聚极地研究资源，构建研究团队，提升与国内外相关机构的科研交流与合作。同时，极地研究中心还以同济大学-联合国环境规划署环境与可持续发展学院、同济大学海洋与地球科学学院、中德学院、中法学院、中意学院、中芬中心、中西学院、环境科学与工程学院、同济大学建筑与城市规划学院、同济大学土木工程学院、法学院、经济与管理学院、外国语学院等平台为支撑力量，充分利用同济大学在海洋科学研究、环境科学等理工科方面的学科优势，实现文理工相结合的跨学科研究。

研究方向

——国际极地组织；

——极地政治与安全；

——极地国别政策；

——极地环境、资源与社会；

——极地海洋管理制度；

——海洋安全与战略。

研究人员

同济大学极地研究中心的学术队伍由 8 名专职和 20 多名兼职研究人员组成，中国前驻冰岛大使苏格教授担任中心顾问。研究人员的专业领域涵盖国际问题研究、政治学、历史学、法学、社会学、人类学、经济学、语言学、环境科学、海洋与地球科学、建筑学、工程学等，有助于在科研工作中实现社会科学与自然科学相结合。专职研究人员主要来自同济大学政治与国际关系学院和相关平台学院，其中包括 3 名教授（研究员）。95%以上研究人员拥有博士学位。中心研究人员的外语涵盖了英语、俄语、芬兰语、德语、法语、日语等，有助于对外交流和翻译相关国家关于极地研究与极地政策的文件。兼职人员分别来自中国外交部、中国社会科学院、中国国防大学、复旦大学、中国海洋大学、国家海洋局极地考察办公室、中国极地研究中心、上海国际问题研究院，以及上述同济大学的各个学院。另有来自美国、法国、德国、加拿大、比利时、芬兰、挪威、新西兰等国的兼职研究人员。

　　中心架构：理事会、学术委员会、负责人、研究人员、出版物

　　理事会主席：周祖翼

　　学术委员会主任：汪品先

　　负责人

　　主任：夏立平

　　副主任：王传兴、潘敏、王峰

　　研究人员：夏立平、王传兴、潘敏、王峰、钟振明、苏平、宋黎磊、王丽琴

　　出版物：《极地国际问题研究通讯》(季刊)电子期刊

10. 武汉大学中国南极测绘研究中心 (http：//pole. whu. edu. cn/cacsm/index. php)

　　中国南极测绘研究中心 (Chinese Antarctic Center of Surveying and Mapping)是由原国家南极考察委员会和原国家测绘局联合发文批准，于1991年成立的极地测绘科学研究和人才培养机构。

　　从首次中国南极考察开始，中心参与了我国历次南极科学考察活动，先后选派100余人次参加了中国33次南极科学考察和13次北极科学考察，是国内参加极地考察最早、次数最多、派出科考队员最多的高校科研机构。

　　经过20多年的发展，中心建立了东西南极测绘基准，测绘出覆盖20多万平方公里的地图，命名了359条中国南极地名，构建了一套适合中国国情的信息化极地测绘技术体系，取得的一系列成果为中国极地科学考察和科学研究事业做出了重要贡献并得到了国内外极地科考领域的广泛认可。

中心以武汉大学的现代大地测量学、遥感学和地理信息科学为依托，逐步形成了极地测绘遥感信息学这一具有特色的交叉学科，在学术团队建设、学科建设和人才培养等方面取得了显著成绩。

2010年成为直属学校管理的实体性科研机构以来，中心以科学发展观为指导，在进一步巩固极地测绘专业特色和传统优势基础上，积极跨学科整合资源、开拓创新，不断提高极地地理信息的应用和服务水平，充分发挥测绘与遥感信息在极地科学考察和研究中的基础性、前瞻性和保障作用，取得了丰硕成果。

现任中心主任李斐教授、名誉主任鄂栋臣教授。中心副主任王泽民教授、庞小平教授。

中心目前的主要研究领域：极地大地测量与地球动力学、极地遥感应用、极地地理信息与资源环境评价、固体地球物理与极地海洋、极地战略等。

中心拥有一支精炼的教学科研队伍，现有固定编制人员23人，其中教授5人，具有博士学位教师17人，共培养博、硕士研究生200余人，目前在读50余人。

中心参与和完成了国家和部委的多项重大科技项目，包括国家863计划、973计划、自然科学基金、重点研发计划、极地重大专项、极地基础测绘、北斗重大专项等，取得了多项国内领先、国际先进水平的研究成果，获得国家科技进步二等奖1项、"何梁何利"地球科学奖1项、省部级科技进步一等奖7项。

中心积极参与国际南极科学委员会（SCAR）地理信息工作组的各项工作，多次在工作组会议上做中国的南极地理信息工作报告；并与挪威极地研究所、新西兰坎特伯雷大学南极中心、韩国极地研究所等国际极地研究机构有良好的合作与交流。

中心拥有极地测绘科学国家测绘地理信息局重点实验室（武汉大学、黑龙江测绘地理信息局共建）、极地测绘遥感与全球环境变化实验室（武汉大学和国家海洋局极地考察办公室共建）、中国极地考察支撑条件建设单位等创新平台。湖北省南北极科学考察学会也挂靠中心。

中心为支撑和服务国家极地科学考察、维护国家极地权益发挥了重要作用，为提升我国在国际极地事务中的影响力和话语权做出了重要贡献。2017 年 1 月，中心荣获国家人力资源社会保障部和国家海洋局联合授予的"中国极地考察先进集体"荣誉称号。

11. 厦门大学海洋法与中国东南海疆研究中心（https：//scsi. xmu. edu. cn/7400/list. htm）

海洋法与中国东南海疆研究中心（XMU-COLCESS）2014 年 7 月 24 日于厦门大学成立。旨在以中国东南海域为核心，广泛深入研究该海域所涉及的国际海洋法律与政策、人文历史以及环境与资源保护，为维护我国海洋权益提供国际法及历史依据，为我国东南海域环境保护与资源开发管理建言献策，最终成为具有国际一流水平的国家智库，同时培养硕士、博士及以上层级的高端相关专业人才。涉及学科主要包括法学、史学和理学等。

中心现拥有校内外主要专、兼职研究员逾百名，其中，中科院院士1 名，"长江学者"特聘教授 3 名，"闽江学者"特聘学者 1 名，国际海底管理局(ISA)前首席法律事务官 1 名，现任联合国大陆架界限委员会委员 1 名。

研究优势

●全国最早成立的海洋法律与政策研究中心

厦门大学海洋法与中国东南海疆研究中心拥有十余年的发展历史，是国内甚至亚洲最早成立的海洋法律与政策研究机构。

●结合了全国最早的海洋历史研究团队

中心结合了由厦大李金明等教授构建的最早的、全国一流的海洋历史研究团队。

●结合了全国最早的海洋学院

中心结合了拥有 90 多年海洋学研究历史的全国首个海洋学院(现分为:海洋与地球科学院、环境与生态学院),其中还包含了国内唯一的"近海海洋环境科学国家重点实验室"。

● 与本校实体研究院等相关机构 建立了良好的文理交叉合作关系

中心与南洋研究院、国际关系学院、海洋与海岸带发展研究院、海洋地球科学院、环境与生态学院、法学院等各实体学院建立了良好的文理交叉合作关系。

● 对于东南海域的研究拥有无可比拟的地缘优势

中心所在的厦门市濒临我国东海与南海,面向台湾海峡。本中心的研究范围不仅涉及东海、南海问题,还包含了台湾海峡及台湾东部太平洋海域。

● 拥有全国唯一的东南海疆研究数据库

创新发展

● 创立亚洲第一个海洋法学术刊物,已成为大中华区协同创新的典范

中心自 2005 年开始,创办了我国第一份海洋法学中英文双语刊物《中国海洋法学评论》(*China Ocean Law Review*)。该刊物是由厦门大学首创,后于 2009 年联合上海交通大学、香港理工大学、台湾中山大学以及澳门大学五校共同主办,已成为大中华区协同创新的典范。

● 创立南海研究信息汇集及发布平台

为加强南海信息收集,中心自 2013 年 1 月 1 日起每月编辑并向国内外发布中英文《南海导报》,已成为重要的南海信息收集与发布平台。同时为深化对南海周边国家的研究,中心加强与拥有较强东南亚语种专业的高校合作,跟踪东南亚各国的南海政策发展状况,并及时编辑发布《南海导报》(中英文两个版本)。

● 出版海洋法系列丛书

中心联合厦门大学等出版社连续出版了厦门大学海洋法政系列丛书,已经出版了 11 本,并签署协议加速出版该丛书。

12. 中国科学院南极天文中心（http：//www. ccaa. pmo. cas. cn/）

观测和理论研究表明，南极冰穹 A/C 是地球上最好的天文台址，在某些方面可与空间相媲美，将为天文观测提供一个绝佳的窗口，为研究诸如太阳系起源，早期宇宙和宇宙暗物质、暗能量等重大问题提供一个新机遇，势必将引发现代天文学的一场革命。

法国与意大利最早于 1975 年在冰穹 C 建站，并逐渐开始一系列的科研工作。到 2004 年 9 月，澳大利亚天文选址小组在英国《自然》杂志上发表了南极冰穹 C 选址工作的研究结果，认为南极是地球上最好的天文台址，将光学望远镜安放在南极将比安放在地球上的其他地方效率至少提高 4 倍，引起了国际天文界对南极高原的广泛关注和高度重视。

早在 20 年前，我国天文学家就开始准备在南极展开天文观测工作。我们曾经准备同美国共同实施观测计划，并且还为此专门研制成功过一台适合南极特殊天气条件的地平式 40 厘米望远镜。该计划曾经获得过国家基金会的专项支持。遗憾的是，由于某些原因，该计划没有完成。

2005 年 1 月，我国南极内陆科考队在李院生队长的带领下在世界上首次登上南极冰盖的最高点冰穹 A，随后我国政府决定于十一五在冰穹 A 建科考站，这更进一步推动了国际南极天文热潮，同时也为我国天文界与国际天文界合作开展南极天文观测研究开创了极好的机遇和条件，使我国在南极建设天文台成为可能。在南极设置天文观测仪器设备，不仅可以极大地提高我国天文观测的水平，而且在目前的国际激烈竞争的形势下具有重要的国家战略意义。随后两年间，中国天文学家多次召开国内、国际南极天文学会议，开始了我国南极天文学的研究与国际合作。同时与国家海洋局极地办和极地研究中心接洽，正式加入2007—2009 年度南极科考和国际极地年中国行动计划——熊猫计划。

为进一步整合我国在南极天文上的研究队伍，推动南极天文观测工作的开展，2006 年 12 月 25 日，中国南极天文中心在紫金山天文台正式宣告成立。该中心是由中科院紫金山大义台、中科院南京天文光学技术研究所、国家海洋局中国极地研究中心、中科院国家天文台发起和共建的研究机构。之后,中科院上海天文台、中科院高能物理研究所,南京大学、中国科学技术大学、天津师范大学、中科院云南天文台等单位陆续加盟。南极天文中心成为保障我国南极天文领域的权益,推进我国南极天文学研究和国际合作与交流的平台。2010 年 8 月,中国科学院基础科学局正式批复南极天文中心(筹)为院非法人研究单元,使之成为推动我国南极天文大科学工程的核心组织力量。

13. 中国海洋大学"国际极地与海洋门户"(http://www. polaroceanportal. com/)

近年来,气候变化导致南北极海冰面积持续缩减,引发了相关国家在极地政治、安全和开发等诸多领域的一系列反应,极地问题研究受到学术界高度关注。当前,世界各国纷纷奔向海洋,海洋权益争夺日趋激烈,与之相关的海洋政治、海洋经济、海洋法等方面的研究已成一门"显学"。极地问题同海洋问题相互关联,彼此深度交织。

国内外越来越多的学术力量聚焦于极地和海洋问题,产出成果日益增多,研究程度不断深入。大家认识到,需要有一个平台以利大家交流。在国内外学者们的大力支持下,中国海洋大学郭培清教授发起成立了"国际极地与海洋门户"。目前阶段,国际极地与海洋门户专注于极地(北极),兼及海洋,旁及世界其他事务的研究,旨在助力研究者之间的交流,推动极地与海洋等领域研究的进步。

14. 中国极地研究中心(http://pric. org. cn/)

中国极地研究中心(原名中国极地研究所)成立于 1989 年,是我国唯一专门从事极地考察的科学研究和保障业务中心,是我国极地科学的核心研究中心,"国家海洋局极地科学重点实验室"的依托单位,主要开展极地雪冰-海洋与全球变化、极区电离层-磁层耦合与空间天气、极地生态环境及其生命过程以及极地科学基础平台技术等领域的研究;建有极地雪冰与全球变化实验室、电离层物理实验室、极光和磁层物理实验室、极地生物分析实验室、微生物与分子生物学分析实验室、生化分析实验室、极地微生物菌种保藏库和船载实验室等实验分析设施；在南极长城站、中山站建有国家野外科学观测研究站，是开展南极雪冰和空间环境研究的重要依托平台。

中国极地研究中心是我国极地考察的业务中心。负责"雪龙"号极地科学考察船、南极长城站、中山站以及国内基地的运行与管理；负责中国南北极考察队的后勤保障工作；开展极地考察条件保障的国际交流与合作。

中国极地研究中心是我国极地科学的信息中心。负责中国极地科学数据库、极地信息网络、极地档案馆、极地图书馆、样品样本库的建设与管理并提供公益服务；负责出版《极地研究》中英文杂志；负责进行国际极地信息交流与合作；负责极地博物馆、极地科普馆的建设和管理。

15. 中国航海学会极地航行与装备专业委员会(http：//www.cinnet.cn/)

中国航海学会，英文名称：CHINA INSTITUTE OF NAVIGATION，缩写：CIN。本团体是由从事航海工作的有关单位和人员自愿组成、并依法登记成立的全国性、学术性、非营利性社会组织，具有社会团体法人资格，是中国共产党和政府联系航海科技工作者的"桥梁"和"纽带"，是国家发展航海科技事业的重要社会力量。

学会宗旨是：弘扬航海文化，尊重知识、尊重人才；倡导"献身、创新、求实、协作"精神，团结和组织航海科技工作者，坚持党的基本路线，以经济建设为中心，坚持科学技术是第一生产力的指导思想，实施科教兴国、人才强国和可持续发展的战略，深入落实科学发展观，促进航海事业的繁荣和发展，促进航海科学技术人才的成长和提高，促进科学技术与经济的结合，为社会主义物质文明和精神文明建设服务。

16. 中国海洋工程咨询协会极地分会（http：//www.caoe.org.cn/nr/cont.aspx）

中国海洋工程咨询协会（英文名称为 China Association of Oceanic Engineering，缩写为 CAOE）是由从事海洋咨询以及其他相关业务的单位、个人自愿组成的具有法人资格的全国性行业社会团体，是我国第一个全国性的海洋协会。

中国海洋工程咨询协会于 2009 年 7 月经国务院批准，2010 年 1 月 31 日在北京正式成立。协会业务主管单位为国土资源部，业务指导和具体管理单位为国家海洋局。

2016 年 5 月，协会第二次会员代表大会暨换届大会在北京隆重召开，根据国家关于社会团体的改革的总体部署和民政部的相关规定，协会选举了新一届领导班子和理事会成员。协会常务理事和理事主要包括地方海洋系统和海洋、交通、水利、石化、环保、渔业、矿产等系统从事海洋咨询业务的科研院所、高等院校以及沿海、涉海的大部分中大型企业单位，会员单位近千家。

协会业务范围主要包括海洋战略及重大海洋问题研究、法律法规和政策规划拟定、行业标准制修订、资质认证管理与咨询服务、信息与科研交流合作、科技成果鉴定与评选、技术职称评审与院士候选人推荐以及出版学术期刊等。协会的核心工作是做好"三个服务"：一是为各涉海部门和单位研究海洋政策和协调海洋工作提供平台服务；二是为政府部门与会员单位之间加强联系促进工作提供桥梁服务；三是为加强海洋工程咨询行业管理实施行业自律提供组织服务。

协会将继续发挥平台和桥梁作用，以科学发展观为指导，坚持正确的办会方向；以服务于海洋经济建设为中心，搭建涉海部门之间协调合作的高层平台，希望吸引更多的有志之士加入我们，共同为我国的海洋事业做出卓越的贡献。

17. 中国南北极数据中心(http：// www. chinare. org. cn)

中国南北极数据中心网站的前身是中华人民共和国科技部1999年资助下建立的中国极地科学数据库系统(项目编号：G99-A-02a)"的数据和信息发布平台，由中国极地研究所(中心)信息中心承担建设。2002年3月28日系统通过科技部验收，网站正式对外发布。2003年，系统加入了国家科技部建立的"中国地球系统科学数据共享网"，2004年，承担国家科学数据共享工程"地球系统科学数据共享平台"项目子课题，2005—2008年，成为国家地球系统科学数据共享平台(以下简称"总中心")的一个特色分中心——"极地区域数据共享运行服务中心"(以下简称"极地区域中心")，完成平台网站建设。2009年，极地区域中心进入运行服务阶段。

极地区域中心在《南极条约》第三款第1C条(section III. 1. c)："Scientific observations and results from Antarctica shall be exchanged and made freely available. "和《中国极地科学考察样品和数据管理办法(试行)》国海极字〔2010〕681号的原则框架下向为国内外科学界和社会公众提供专业研究、管理决策和科普教育所需的极地科学数据、信息、研究成果等共享服务。

2005年根据中华人民共和国科技部提出的建立"国家地球系统科学共享中心"的要求，网站进行全面改版，增加数据在线汇交系统、实现分布式的数据管理、平台升级与维护等功能。2006年1月本网站开始试运行。

2011年11月，极地区域中心正式成为首批国家科技基础条件平台认定的子平台(国科发计〔2011〕572号)之一。根据国家科技基础条件平台运行服务的要求，2013年5月本网站完成第2次改版，完善了数据检索、数据发布功能，增加了数据分析、极地科普栏目，成为"极地之门"的一个特色子门户，实现用户统一认证与权限管理，人员、队(航)次、机构和成果信息的统一集成。

建设和运行目标

本网站的建设和运行目标：成为国内权威的、内容最完整、开放度最高的极地数据共享与服务管理平台，开展极地科学数据的国内外交流与共享。

极地区域中心职责是负责本区域数据资源的整合集成与产品生产；负责本区域数据资源的共享服务；保障与运行服务总中心的畅通，提供全局搜索服务。

作为地球系统科学数据共享平台的区域数据共享运行服务中心，极地区域中心接受总平台分配的持续运行服务建设任务，接受"平台门户"和运行服务总中心的管理和监控。

平台特征

极地科学数据指的是在南极洲和北冰洋区域（南纬60度以南，北纬60度以北）进行多学科现场考察所获得的观测数据和样品分析数据。自1984年首次南极考察以来，中国开展了大量的极地科学考察工作，建立了"一船四站"（雪龙号考察船和南极长城站、南极中山站、南极昆仑站（DOME-A）、北极黄河站）的极地考察体系。

极地区域中心的数据资源整合范围以"一船四站"考察体系所获取的数据，数据资源整合的范围以中国极地研究中心的"国家海洋局极地科学重点实验室"研究内容与方向生产的数据为主，包括国内长期参加南北极考察的骨干单位及科研力量，包括国家海洋局、中科院、高校等单位所获取的上述地区的南北极科学考察数据。

极地区域中心的数据资源涉及极地海洋学、极地日地物理学、极地冰川学、极地资源与环境科学、极地生物与生态学、极地地理与大地测量学、极地地质与地球物理学和极地大气科学等学科开展的科学观测获取长时间序列、多参数的常规观测数据和样品分析数据。

极地区域中心的数据资源主要来自的地理范围主要包括：南极冰盖最高点 Dome A 区域、东南极埃默里冰架、东南极格罗夫山脉、南极中山站区、南极长城站区、北冰洋白令海、楚科奇海（台）、加拿大海盆、北极新奥尔松地区等我国重要极地考察区域。

极地区域中心的数据资源全部免费共享。为了保证服务质量，根据地球系统科学数据共享平台管理指南，结合南极考察的特点及在数据管理工作中的实际经验，严格执行《中国极地科学考察样品和数据管理办法(试行)》及实施细则等一系列规范性文件，统一规范极地数据的生产、存储、处理等过程。极地科考数据质量管理流程包括考察航次前、航中、航后各个阶段的数据采集、输入、存储、发布和共享管理、应用服务等内容，期间还交叉存在设计、加工、分析等一些操作。

下篇　极地文献

第三章　极地研究期刊

3.1　中文期刊

注：按照刊物名称的汉语拼音排序。

1.《安全与环境学报》

《安全与环境学报》2001 年创刊，是安全与环境学科的学术性双月刊，国内外公开发行，逢双月下旬出版，刊号为 ISSN 1009-6094 CN 11-4537/X，由北京理工大学、中国环境科学学会和中国职业安全健康协会(原中国劳动保护科学技术学会)主办，十一届全国人大常委、中国科协副主席、北京理工大学博士生导师冯长根教授任主编。

《安全与环境学报》是中国科学引文数据库(CSCD)核心库来源期刊、中文核心期刊和中国科技论文统计源期刊(中国科技核心期刊)，俄罗斯文摘杂志、美国化学文摘(CA)和《中国学术期刊文摘》收录期刊。在中国科技信息研究所年度《中国科技期刊引证报告》(2015 版)中，《安全与环境学报》2014 年核心影响因子为 0.869。

《安全与环境学报》办刊宗旨：交流安全与环境方面研究的最新成果，发展安全与环境科学技术，培育安全与坏境科研队伍，为中国和全球的工业安全和环境保护服务。

《安全与环境学报》读者对象：相关科研院所科技工作者，大中专院校相关师生，政府部门管理及决策者，厂矿企业技术人员及管理人员。本刊特别注重为博士生、硕士生科研服务。

《安全与环境学报》主要刊载石油、化工、环保、矿业、冶金、建筑、交通、勘探等相关领域的安全科学理论、安全工程与技术、安全管理与监察理论、安全检测与监测技术、职业安全与卫生、安全评估方法、事故调查与剖析、安全数值模拟与仿真、环境科学理论、环境工程与技术、社会与环境、环境与生态、环境保护与管理、灾害及其防治、环境污染及其防治、废物处理及其综合利用、环境质量评价与环境检测等科学研究新成果、新进展及新方法。

《安全与环境学报》还辟有信息广告页，可以刊登：产品信息、招生信息(硕士生、博士生及博士后)、招聘信息、会议和办班信息、展览信息、出版信息、设备仪器信息等。

2.《边疆经济与文化》

《边疆经济与文化》创刊于2010年，是由黑龙江边疆经济学会主办的经济类学术期刊，现为月刊。《边疆经济与文化》主要以边疆经济与文化的传播为主要内容，应合我国中西部大开发，繁荣边疆经济，以达到激活边疆文化，荟萃百家睿智的目的，使中国边境经济与文化走向世界，让世界人了解中国边疆经济与文化。辟有：边疆经济、边疆贸易、边疆明珠、边疆旅游、企业家论坛、沿边口岸、管理战略、县(市)镇(乡)论坛、西部大开发、流域文化、教育科技、社会广角、文化新视野、地区形象等栏目。

国家新闻出版总署、中国期刊网、万方数据—数字化期刊群、龙源国际期刊网、中文科技期刊网、中国学术期刊(光盘版)、中国核心期刊(遴选)数据库等全文收录。

3.《边界与海洋研究》

《边界与海洋研究》(*Journal of Boundary and Ocean Studies*，ISSN 2096-2010，CN 42-1877/D，双月刊)是多学科交叉综合研究国家边界

与海洋问题的学术期刊，由教育部主管，武汉大学主办，国家领土主权与海洋权益协同创新中心、武汉大学中国边界与海洋研究院编辑出版，国内外公开发行，是目前国内外唯一的边界海洋问题跨学科研究期刊。

《边界与海洋研究》立足领土海洋学学科，聚焦国家边界与海洋研究的重大理论和现实问题，坚持问题导向，支持跨学科研究，繁荣边海学术，服务国家领土海洋维权，促进国内外边海问题学术交流，成为中外边界海洋研究者、实务工作者和决策者共同的学术家园。

《边界与海洋研究》主要栏目：国家海洋战略与边海外交研究；中国与周边国家关系研究；一带一路与中国周边合作研究；海洋争端解决与国际法研究；海洋权益与海洋合作研究；二战、战后国际秩序与边界海洋争端研究；钓鱼岛与南海诸岛档案资料与历史研究研究；中国疆域历史与现状研究；陆地边界争端与跨境合作研究；界河管理及跨境水资源争端与合作研究；极地治理与极地合作研究；边界海洋信息与技术应用研究等。

4.《产业创新研究》

《产业创新研究》杂志是由中华人民共和国新闻出版总署、正式批准公开发行的优秀期刊。自创刊以来，以新观点、新方法、新材料为主题，坚持"期期精彩、篇篇可读"的理念。《产业创新研究》内容详实、观点新颖、文章可读性强、信息量大，众多的栏目设置，被誉为具有业内影响力的杂志之一。《产业创新研究》获中国优秀期刊奖，现中国期刊网数据库全文收录期刊。

《产业创新研究》(月刊)创刊于2017年，杂志由中国共产党天津市滨海新区委员会宣传部主管、滨海时报社主办，是深入探讨中国科技、商业环境和经济趋势的权威型省部级期刊。国家宣传部主管系列期刊，被中国知网数据库全文收录。

《产业创新研究》坚持为社会主义服务的方向，坚持以马克思列宁主义、毛泽东思想和邓小平理论为指导，贯彻"百花齐放、百家争鸣"和"古为今用、洋为中用"的方针，坚持实事求是、理论与实际相结合的严谨学风，传播先进的科学文化知识，弘扬民族优秀科学文化，促进国际科学文化交流，探索防灾科技教育、教学及管理诸方面的规律，活跃教学与科研的学术风气，为教学与科研服务。

5.《大连海事大学学报》

《大连海事大学学报：社会科学版》是由大连海事大学主办的期刊。主要刊载法学、政治、哲学等内容。实行"双向匿名"审稿，优先发表在学术研究上有所创新，具有新观点、新理论、新思想、新表述的论文。联系教学科研实际，为教学科研服务，为"两个文明"服务。

6.《东北亚经济研究》

《东北亚经济研究》(双月刊)于 2017 年 6 月正式创刊。新编国内统一连续出版物号 CN22-1423/F，国际标准刊号：ISSN1009-0657，吉林省经济管理干部学院和商务部国际贸易经济合作研究院联合主办，《东北亚经济研究》编辑部出版发行。办刊宗旨：刊发东北亚经济贸易与区域合作、对外开放研究成果；推进长吉图开发开放先导区战略实施、拓展学术交流、服务经济社会。

7.《东北亚论坛》

《东北亚论坛》杂志是吉林大学主办、面向国内外公开发行的学术性刊物。本刊的宗旨是：坚持党的基本路线，以马列主义毛泽东思想为指导，贯彻百花齐放、百家争鸣的方针，为研究东北亚区域经济合作与交流，研究东北亚各国(地区)及亚太地区的政治、经济、文化及历史等问题的专家学者开辟学术研究的新园地，为促进东北亚地区的国际合作与交流、经贸发展和友好往来服务，为建设有中国特色的社会主义事业服务。

《东北亚论坛》以分析现状、发展战略和理论研究为主，主要刊登：紧密结合我们四化建设和改革开放的实际，研究和探讨东北亚地区各国经济发展的重大理论问题，发展战略问题，各国各地区经济开发与合作问题，各国家与地区经贸发展和友好往来问题的成果，评介东北亚、亚太地区各国工业、农业、科技、财政、金融、商业、外贸发展的新趋势、新动态的文章。同时还刊登有关的国内外学术动态和研究资料等。

主要栏目有：东北亚区域经济合作、双边关系、日本经济、俄罗斯政治与经济、韩国问题、蒙古问题、世贸组织与中国、区域经济开发。

8. 俄罗斯中亚东欧研究

《俄罗斯中亚东欧研究》是中国社会科学院俄罗斯东欧中亚研究所主办的面向国内外公开发行的国家级学术理论刊物。坚持高品位、高学术性，以反映俄罗斯、中亚、东欧国家政治、经济、外交、理论、历史、文化、军事、民族等各个领域的最新研究成果为主要任务。

《俄罗斯中亚东欧研究》杂志 1999 年获中国社会科学院首届优秀期刊奖，2002 年、2005 年和 2008 年在中国社会科学院第二届、第三届和第四届优秀期刊评奖活动中获一等奖。2005 年获国家百种重点期刊奖。

9.《俄罗斯学刊》

《俄罗斯学刊》主要关注对俄罗斯历史与现实重大课题的研究，关注对中俄关系的战略性、前沿性问题的研究。在关注理论研究动态的同时，还刊登应用性问题的研究成果，突出鲜明的地方特色，尤其是将对俄罗斯转型时期的政治、经济、社会问题，俄罗斯远东西伯利亚的社会与区域经济问题，中俄毗邻地区在政治、经济、生态、文化等非传统安全方面合作问题的研究成果作为该刊主要内容。同时，对独联体其他国家和东欧国家相关问题的研究成果，也在该刊占有一定的版面。《俄罗斯学刊》的主要栏目有：专论、热点问题、政治、外交、经济、东欧、中亚、历史、文化、学界动态、外论摘编、书评等。

10.《法学杂志》

《法学杂志》创刊于 1980 年，是我国改革开放之后最早的法学期刊之一，1980 年由司法部确定为国家一级法学期刊。1994 年，《法学杂志》被评为首届"中国中文法律类核心期刊"；2000 年至 2004 年被中国社科院文献信息中心连续评为"中国人文社会科学核心期刊"，收入《中国人文社会科学核心期刊要览》；2004 年再次被北京大学图书馆和北京高校图书馆期刊工作研究会评定为"中国中文法律类核心期刊"，载入《中文核心期刊要目总览》；2008 年入选"中文社会科学引文索引（CSSCI）来源期刊"。2009 年，杂志成功实现由双月刊改版为月刊，以崭新的面貌展现在读者面前，受到广泛好评。

《法学杂志》一直恪守"研究法学理论，推动法制建设"的编辑方针，设有专题研究、各科专论、青年法苑、司法实践与改革、新法解读、案例评析等栏目。

11.《国际观察》

《国际观察》（双月刊）由上海外国语大学主办、上海外国语大学国际关系与外交事务研究院编辑出版，是研究国际热点问题、介绍国际关系学科前沿成果、促进学术界交流合作的专业学术期刊。创刊于 1993 年 1 月，由中国前外交部长黄华亲自为本刊封面题字，辟有"国际关系"、"国际政治"、"国际安全"、"区域研究"等栏目。

12.《国际贸易》

《国际贸易》杂志（月刊）创刊于 1982 年，系中国商务部（原中国对外贸易经济合作部）属下第一本国内外公开发行的国际经济贸易专业刊物，是国内唯一的国内外经贸界很有影响的杂志。1983 年 10 月，英文版《INTERTRADE》在香港创刊，其影响开始辐射欧美等发达地区和国家。

《国际贸易》以传播国际贸易理论、实务和知识为主，以敏锐的眼光洞察国内外市场，以详尽的学术研究成果展示全球经济贸易的过去、现在和将来，以前瞻性的文章介绍中国的对外开放和经贸关系的各项有关政策。经过二十多年的发展，杂志已经培育了包括中央及地方经济主管决策机构、全国各经贸委、大专院校及科研单位、各企业及各国驻华商务机构等在内的忠实读者近十万人。同时，《国际贸易》杂志被 WTO、联合国国际贸易中心图书馆、国际货币基金、世界银行、美国国会图书馆等国际组织及知名机构所订阅和收藏。

《国际贸易》是对外贸易专业刊物。宣传和阐述我国对外经济贸易的方针、政策、法规，研究和分析世界经济、国际贸易。国际市场趋势动向。

13.《国际商报》

《国际商报》由中华人民共和国商务部主办，是我国商务领域具有行业独占性和权威性的日报，是中国政府加入 WTO 时承诺的刊登进出口管理信息的指定媒体，是海外发行区域最大的中国财经报纸之一。《国际商报》创刊于 1985 年 4 月 1 日。1984 年 12 月，中国改革开放的总设计师邓小平同志亲笔题写报名，时任国务委员兼对外经济贸易部部长的陈慕华同志亲任国际商报社名誉社长。长期以来，《国际商报》立足于中国商务领域，服务于各界商务人士：

从专业角度，全方位报道和评析行业新闻事件；以客观立场，全景式介绍和解读各国商务环境；用世界眼光，全程性跟踪和预测全球商机变化；此外，《国际商报》还对企业招商引资、走出国门提供实用信息；对会展经济、商务旅游、海关质检、口岸物流进行专题报道；对整顿和规范市场经营秩序给予特别关注。

14.《国际问题研究》

中国国际问题研究院主办的《国际问题研究》创刊于 1959 年 5 月，是国内创刊最早的国际问题研究学术刊物。《国际问题研究》于 1981 年

7月以季刊复刊。为了使刊物能更好地跟上国际形势演变，更好地满足广大国际问题研究工作者、国际问题专家、学者以及对国际问题有着浓厚兴趣的广大读者们的要求，从2000年1月起，《国际问题研究》从季刊改为双月刊，刊物的内容、版本、封面、装帧和纸张均有了很大的改进，使人大有耳目一新之感，受到了各界人士的肯定与欢迎。

随着中国国际问题研究院的对外交流越来越频繁，很多国外交流单位很想了解本院的研究成果。过去，在出版《国际问题研究》中文版的同时，曾有一本内容同中文版完全相同的不定期的英文出版物，主要作为向外国驻华使馆和来院进行学术交流的外国专家、学者赠阅之用，虽也起过一定的作用，但无论从内容到装订都不敷形势发展的需要。2005年底，China International Studies在各方努力下成功创刊，此后，刊物由季刊改为双月刊，发行量稳步增长，国内外影响不断扩大。

15.《国际展望》

《国际展望》由上海国际问题研究院主办、上海市国际关系学会协办，为中国第一份中英文双语国际关系类(中文双月刊、英文季刊)。《国际展望》致力于为国际关系研究搭建一个新的学术平台，汇聚国内外国际关系研究专家和学者的智识，为中国的国际关系理论建设服务，为中国的外交战略和政策建言献策。

16.《国际政治科学》

《国际政治科学》集刊由清华大学国际问题研究所(现为国际关系研究院)于2005年创建，2016年转为正式期刊。本刊定位于以发表科学方法研究国际政治学术成果的期刊。优先考虑时政性研究，旨在增加对于国际关系的科学认识，倡导国际关系理论流派和研究方法的多样性，致力于推进采用科学的方法和借鉴其他学科知识研究国际关系，提倡理论研究和政策研究相结合的方式，促进有更高学术价值和现实意义的创新性研究。

《国际政治科学》主要刊登有关国际关系理论、国际安全、国际政治经济、外交学、区域与国别研究、对外政策、研究方法的学术论文，尤其重视与中国的对外政策和亚太国际关系相关的研究成果。同时适当刊出学术性较强的综述文章和书评。

17.《海洋开发与管理》

《海洋开发与管理》创刊于 1984 年，原名《海洋开发》《海洋与海岸带开发》，是由中华人民共和国国家海洋局主管、中国海洋工程咨询协会和海洋出版社联合主办的海洋领域综合性学术期刊。《海洋开发与管理》主要刊载海洋开发、海洋管理、海洋环保、海上执法、海洋经济、极地考察等领域的具有创造性论文；中国国内外海洋开发技术与海洋综合管理的发展动态报道；优秀海洋图书专著的评介等。《海洋开发与管理》主要栏目有：海洋论坛、海弹开发、海洋管理、海勘界、海岛管理、海洋环保、沿海都市、海上执法。

18.《和平与发展》

《和平与发展》一是拥有国内一流研究机构和高等学府的著名专家、学者和资深外交家作为长期的特约撰稿人，保证了文稿的高质量和观点的权威性。二是以研究当代现实问题为主，把当前国际热点问题和事件作为研究的切入点，透过表象，揭示问题的实质，进行综合分析，从中把握国际形势的走向。三是坚持简洁、明朗的文风，进行综合分析，文章深入浅出，可读性强。适合国际问题研究人员、大专院校师生以及关心国际问题的广大读者阅读。

19.《极地国际问题研究通讯》

《极地国际问题研究通讯》（季刊）是同济大学极地与海洋国际问题研究中心创办的电子期刊。随着气候变化，极地冰层融化速度加快，北极航道的商业应用为期不远，北极资源开发方兴未艾，北极将成为新的国际战略竞技场之一。极地研究与人类社会和中国的关系越来越紧密。

《极地国际问题研究通讯》将成为中国极地研究中发表成果、交流信息、普及知识的重要媒介之一。

20.《极地研究》

《极地研究》是集中反映南北极多学科考察研究成果的综合性学术刊物。它是极地科学工作者发表最新研究成果的园地，也是进行国际国内极地考察研究学术交流的窗口。

本刊主要刊登以极地为研究对象或以极地为探测平台的基础研究、应用研究和高技术研究成果，反映该领域的新发现、新创造、新理论和新方法。具体报道范围包括：极地冰川学、极地海洋科学、极地大气科学、极区空间物理学、极地地质学、极地地球物理学、极地地球化学、极地生物与生态学、极地医学、南极天文学，极地环境监测、极地工程技术、极地信息，以及极地政策研究与管理科学等。

中文刊《极地研究》创刊于 1988 年，季刊，每年 3 月份、6 月份、9 月份、12 月份出版，国内外公开发行。原英文刊 Chinese Journal of Polar Science［《极地研究》（英文版）］于 2011 年更名为 Advances in Polar Science［《极地科学进展》（英文版）］，刊期由半年刊变更为季刊，每年 3 月份、6 月份、9 月份、12 月份出版，国内外公开发行。两份期刊在历次的科技期刊编校质量检查中获得良好的评价。

收录《极地研究》的检索机构

国外：

Chemical Abstracts（CA，美国化学文摘），美国化学学会，1997 年开始收录。

Arctic and Antarctica Regions CD-ROM（AAR CD-ROM 南北极地区文献数据库），国家信息服务中心，1988 年开始收录。

与 20 余个国外国家的极地考察机构建立资料交换关系。

国内：

北大中文核心期刊，北京大学图书馆，2008年开始收录。

中国科学引文数据库（CSCD），中国科学院文献情报中心，1996年开始收录。

中国科技期刊引证报告，中国科技信息研究所，1998年开始收录。

中国自然科学核心期刊，国际核心期刊研究会，1994年开始收录。

中国学术期刊光盘版，中国学术期刊光盘版电子杂志社，1999年开始收录。

万方数据（ChinaInfo），中国科学技术信息研究所，1999年开始收录。

中文科技期刊数据库，重庆维普咨询有限公司，2005年开始收录。

21.《经济视角》

《经济视角》是全国经济类核心期刊，全国人文社科类核心，中国核心期刊（遴选）数据库收录期刊，中国人文社会科学引文数据库来源期刊中国学术期刊综合评价数据库（CAJCED）统计源期刊，中国期刊全文数据库（CJFD）全文收录期刊。

《经济视角》杂志（ISSN1672-3309，CN 22-1225/F）是吉林省发展和改革委员会信息发布平台，省一级期刊。为了促进学术交流和发展，更好地为经济建设服务，《经济视角》适时追赶当今学术发展潮流，力求具有前瞻性，捕捉经济热点，注重学术性和权威性。经济视角杂志社特向广大读、作者征稿。热忱欢迎大家踊跃投稿。稿件只要是泛经济类都可。

《经济视角》是吉林省公开出版物中唯一侧重理论联系实际的省一级综合性经济期刊，是指导全省经济工作的权威刊物之一。上半月的受众是各级党委、政府的决策者；各项战略、政策、措施的制定者；各项经济活动的具体实施者，及所有从事经济工作的领导和同志，下半月侧重于理论研究，为各级经济领域专家学者、各大专院校师生、金融贸易研究机构资深人士发表学术见解，进行经济研究、学术探讨交流提供一个展示平台和窗口。

22.《经济纵横》

经济纵横杂志社是由吉林省社会科学院(社科联)主管,《经济纵横》是吉林省社会科学院(社科联)主办的经济学综合性学术期刊。创办于 1985 年,月刊,每期约 20 万字。

《经济纵横》2017 年被确定为国家社科基金资助期刊(经济学类)。同时,还是中文社会科学引文索引(CSSCI)来源期刊、全国中文核心期刊、中国人文社会科学核心期刊。近年来,多次被列入中国人民大学书报资料中心"复印报刊资料"重要转载来源期刊。2016 年,被吉林省新闻出版广电局评为"吉林省一级期刊""吉林省社科期刊 30 强"。

创刊以来,《经济纵横》一直以马克思主义为指导,重点打造马克思主义政治经济学品牌栏目,宣传推广马克思主义政治经济学创新发展成果,引领正确舆论导向,刊发了大量著名经济学家的精品力作,形成了长期关注马克思主义政治经济学创新成果的鲜明特色。同时,坚持理论联系实际的学风,瞄准经济学发展的前沿,跟踪改革开放中的热点和难点问题,组织开展学术探讨和交流,刊发了大批极具学术含量、极具影响力的文章,在学术界的认知度屡创新高。《经济纵横》每年都有几十篇文章被《新华文摘》《中国社会科学文摘》《人大复印报刊资料》等权威期刊转载或摘发。

近年来,《经济纵横》为挖掘创刊以来刊发文章的时代价值,传承中国特色社会主义政治经济学思想薪火,从创刊以来发表的 9000 多篇精品力作中精选文章,出版了三部文集。分别是《经邦济世纵横谈》(四卷本)、《纵谈古今、横论中西——〈经济纵横〉被<新华文摘>等三大期刊转载文章荟萃》(三卷本)、《经世致用 固本兴邦——〈经济纵横〉刊发"国家社科基金项目"论文集》(两卷本)。

为加快具有中国特色、中国风格、中国气派的经济学理论和学术话语体系建设,《经济纵横》竭诚为坚持和发展马克思主义政治经济学的理论文章、为改革开放与经济发展提供理论支持的学术文章提供发表平台。

23.《军事文摘》

《军事文摘》杂志(半月刊)于 1993 年创刊，本刊主要面向广大青少年和部队、武警等各界读者。介绍各种军事知识、新技术、新装备、新动向、新发展，为国防建设服务，为提高全国人民的国防观念服务。内容极具权威性、导向性、前瞻性、可读性，深受军事、政治、经济研究人员、部队专业人员和广大军事爱好者的喜爱，成为军事院校和军工单位的必备资料和品牌读物。

《军事文摘》杂志栏目设置：

中国军情、兵家风采、名军博览、史海钩沉、军事论坛、周边军情、兵器点萃、史海泛舟。

军事文摘杂志收录情况：

(1)期刊收录：中国知网、维普；

(2)数据：MARC 数据；DC 数据；

(3)图书馆藏：国家图书馆馆藏；上海图书馆馆藏。

24.《民航管理》

《民航管理》杂志创刊于 1986 年，是全国民航系统惟一省部级综合经济管理类刊物。由中国民航局主管，中国民航管理干部学院主办，《民航管理》杂志社编辑、出版、发行，刊期为月刊，国内外公开发行。

自创刊以来，《民航管理》杂志一直关注着民航的改革与发展，努力探索民航改革中的实践与理论问题，致力于为民航各企业提供智力支持以及形象传播等服务。在现实与理想之间，在群众与领导之间，在谋略与决策之间，在民航与社会之间，在中国民航与国外民航之间，其一直致力创造一种科学、前沿、多元、活力蓬勃的经营管理文化氛围。

二十多年来，《民航管理》杂志在民航管理理论与实践的导引下，努力发掘并传播宏观决策与微观管理的智慧，为读者提供诸如经营、管理、技术、文化等多层面、多方位观察视角，受到越来越多的民航读者所关注和喜爱，并在国内外产生了良好的影响，逐步形成了自己的办刊风格。目前，《民航管理》杂志已成为公认的民航发行面最广、发行量最大的民航工作指导类刊物，是民航业界知名的主流媒体。

《民航管理》主要栏目："新视角""行业管理""企业文化""临空经济""航空公司""民用机场""空中交通管理""航空安全""基层管理论坛""适航维修""航空制造""航油航材"、"信息化管理""国际民航"等。

25.《欧亚经济》

《欧亚经济》(双月刊，原名《俄罗斯中亚东欧市场》)是中国社会科学院俄罗斯东欧中亚研究所主办的面向国内外公开发行的世界经济类期刊物。

《欧亚经济》主要栏目有："要文特约""俄罗斯""中亚五国""中东欧""东北亚""经济合作""法律法规""市场调查""欧亚博览"和"综合资料"。该刊积极反映俄罗斯、东欧、中亚等转型国家经济研究的最新成果，及时跟踪、评析学术和经贸热点，努力把高层次的基础理论研究与可操作性的应用研究有机结合。通过中国与对象国经济的比较研究，为欧亚各国经济发展提供借鉴。读者可以通过中国优秀学者了解欧亚经济最新进展，也可以借助外国学者获知世界如何看待中国。

该刊经历了从内部期刊到公开期刊、从译丛到应用性期刊再到学术性期刊的曲折转变过程，历经四次更名，两次更改刊期。1985年，文化部批准《苏联东欧问题译丛》(双月刊)作为内部期刊出版；1987年该刊由内部期刊转为公开发行期刊；1992年，因苏联解体，《苏联东欧问题译丛》更名为《东欧中亚问题译丛》；1995年，因译文的版权问题，《东欧中亚问题译丛》更名为《东欧中亚市场研究》(月刊)；2003年《东欧中亚市场研究》更名为《俄罗斯中亚东欧市场》；2013年6月《俄罗斯中亚东欧市场》(双月刊)更名为《欧亚经济》(该名称2014年正式启用）。

从 2008 年中国社会科学院实行"学术名刊建设工程"后，该刊便在学术性与应用性相结合的基础上有意识地向学术期刊转变，并逐步得到俄罗斯、东欧、中亚学界的好评和认可。2008 年《俄罗斯中亚东欧市场》被列为中国社会科学院文献计量与科学评价中心编制的《中国人文社会科学核心期刊要览》贸易经济专业的核心期刊。

在刊物未来的发展过程中，中国与俄罗斯、东欧、中亚国家转型经济的比较研究，"页岩气革命"对世界能源格局的影响，创新型经济与经济增长方式转变，俄、白、哈关税同盟及欧亚联盟的发展，"丝绸之路经济带"构想下上海合作组织成员国间基础设施的互联互通，中东欧国家"入盟"前后经济发展比较，对象国商品市场、要素市场、产业发展、对外贸易、社会保障制度、收入分配、贫富差距、人口老龄化以及经济领域新出台的法律法规等都将是我们关注的重点。《欧亚经济》将积极反映对象国经济研究的最新成果，及时评析经济热点，注重学术性，鼓励创新性。

26.《人民论坛·学术前沿》

2012 年创刊，专注重大现实与理论问题的学术分析，融时事的锐度与理论的深度于一体，集结海内外顶级专家学者力作，打造高品质、高品格、高品位的国际化学术期刊。以理性的视角和开阔的视域，为读者展现社会发展的前沿、学术研究的前沿。

27.《商业经济研究》

《商业经济研究》由中国商业联合会主管，中国商业经济学会主办，是国内具有重要影响力的专业性学术期刊，主要刊发经济类稿件，尤以研究流通理论而独树一帜。刊物创刊于 1982 年，原名《商业时代》，2000 年更名为《商业经济研究》。曾多次被南京大学、北京大学评定为"CSSCI 来源核心期刊"、"《中文核心期刊要目总览》贸易经济类核心期刊"。2012 年继续入编最新版北京大学中文核心期刊目录。

28.《社会科学辑刊》

《社会科学辑刊》是由辽宁省社会科学院主办的大型学术双月刊，为国家期刊奖百种重点期刊、全国中文核心期刊、中国综合性人文社会科学类核心期刊、中文社会科学引文索引（CSSCI）来源期刊、国家新闻出版总署"中国期刊方阵"双效期刊、中国北方优秀期刊、辽宁省一级期刊。1979 年 3 月创刊，辽宁社会科学院主管主办。人文、社会科学综合性学术刊物。发表人文、社会科学领域的最新研究成果。

29.《世界地理研究》

《世界地理研究》主要围绕人口、资源环境和经济协调这一主题，刊登有关全球的自然、社会、经济、政治事象的空间格局及动态趋势；国际间的经济联系和经济要素的空间运动规律；国外区域开发、城乡建设、生产力布局、产业结构变动理论与实践；世界地理教育改革和世界各国地理学发展动态等；同时刊登反映中国经济国际化发展的相关研究成果。

《世界地理研究》主要栏目为世界经济、城市与区域、产业布局、地缘政治、教学研究、学科前沿。

30.《世界知识》

创刊于 1934 年的《世界知识》半月刊被公认为世界知识领域的一本权威刊物，连续两届获国家期刊奖。《世界知识画报》、《世界博览》两本杂志分别从图片和文字两个不同的角度向读者展示丰富多彩的外部世界，连续两届获国家百种重点社科期刊奖。《英语沙龙》、《英语文摘》顺应了全社会学英语的热潮，《英语沙龙》2003 年还荣获国家期刊奖提名奖。《世界知识年鉴》资料翔实，内容广博，集各国历史、地理、政治、经济、军事、文化大全，是外事工作者案头必备。

31.《太平洋学报》

《太平洋学报》创刊于 1993 年，由中国太平洋学会主办，著名经济学家于光远先生曾长期担任主编，是我国海洋领域社科类期刊，先后入选全国中文核心期刊、中文人文社会科学引文数据库来源期刊（CSSCI）、中国人文社会科学核心期刊、中国人民大学复印报刊资料重要转载来源期刊、中国政法类核心期刊。

出刊二十余年来，学报一直秉承"立足中国海，探索太平洋，关注国家发展，理论世界大局"的办刊宗旨，凝聚了一大批学术思路活跃、潜心研究社会科学和国际关系问题的专家学者，刊发了大量高水平的学术论文，成为热心思考太平洋区域学术问题的各界人士的良师益友。

《太平洋学报》于 2010 年迁京改版出刊，改版后的《太平洋学报》用专业出版工作者的姿态，更加负责任的态度，更加犀利的眼光和更加睿智的思维，与广大作者、读者一起，共同探讨太平洋区域政治、经济、海洋、文化以及国际关系的现在和未来，为推进中国和太平洋区域的各项交流合作，促进太平洋区域的和平与发展做出应有贡献。

常设栏目：政治与法律、经济与社会、海洋强国建设、21 世纪海上丝绸之路建设、海洋生态文明建设等。根据国内外形势需要，今后我刊将更注重理论研究深入的论文，仍以国际政治为主，并全面向海洋方面的内容倾斜，努力在海洋人文社会科学研究领域，打造独具海洋特色的期刊。

《太平洋学报》为月刊，国内外公开发行，每月 20 号出版。

32.《西伯利亚研究》

《西伯利亚研究》主要栏目：专家论坛、经济论坛、中俄经贸、国际贸易、军事与军工、海外专稿、环境保护。该刊被列为中国期刊方阵双效期刊、中国学术期刊综合评价数据库来源期刊、中国人文社会科学引文数据库来源期刊、《CAJ—CD 规范》执行优秀期刊。

《西伯利亚研究》的宗旨是探索真理、弘扬学术、促进交流、服务社会。本刊主要发表有关俄罗斯特别是俄罗斯西伯利亚与远东、东北亚各国及地区的政治、经济、文化、史地、民族、科技、军事等领域的研究论文及适用资料，为我国经济和社会发展服务。

33.《新视野》

《新视野》是中共北京市委党校、北京行政学院主办的综合性政治理论刊物，创刊于 1984 年，1992 年起公开发行，1993 年定名为《新视野》，为双月刊，每逢单月 10 日出版。

《新视野》是中共北京市委党校、北京行政学院主办的综合性政治理论刊物，创刊于 1984 年，1992 年起公开发行，1993 年定名为《新视野》，为双月刊，每逢单月 10 日出版。现为全国中文核心期刊、中文社会科学引文索引（CSSCI）来源期刊、中国人文社会科学核心期刊、中国人文社科学报核心期刊、全国百强社科学报，并连续数年被北京新闻出版局评定为一级期刊。杂志以"新时代需要新视野，《新视野》服务于新时代"为办刊宗旨，以解放思想、实事求是为灵魂，以繁荣和推进人文社会科学的发展为奋斗目标，高度关注当代人文社会科学领域的前沿问题，形成了"新"、"深"、"宽"、"活"的特色。

"新"，即新的视野、新的观点。

"深"，即注重选题、论证深刻。

"宽"，即信息量大、覆盖面宽。

"活"，即思想活跃、时代气息。

设有经济决策分析、社会建设、公共管理科学、政府改革与创新、公务员制度放谈、执政党建设、学科前沿、首都科学发展论坛、法治文明、理论与实践、传统文化与现代化、文化广角、借鉴与参考、环球经纬等栏目。

34.《新西部》

《新西部》由中共陕西省委宣传部主管，陕西省社会科学院主办，中国社会科学院西部发展研究中心提供智力支持，是我国首份以宣传西部大开发为宗旨的政经新闻期刊。

《新西部》，"以平民视角关注人的生存，以纪实风格展示西部风物"，重大事件深度报道，焦点人物亲密接触，新闻热点独家分析，西部风物影像演绎，权威资讯一网尽收。

自 2000 年 6 月创刊以来，《新西部》始终以为西部大开发鼓与呼为己任，以舆论引导群众、以商机引导投资，以典型示范弘扬创业精神，在逐步成长的过程中，赢得了越来越多读者的喜爱，从一份默默无闻的读物发展成为西部中国具有较大影响力的期刊。《新西部》读者群不仅覆盖了国内 30 多个省市自治区和港澳台地区，而且遍布亚洲、欧洲、北美、南美、澳洲的 32 个国家和地区。《新西部》现已成为政界、企业界、学术界及所有关心中国西部发展的社会主流人群必读刊物之一，是中宣部每期必审阅的全国 20 种有影响力的政经期刊之一，并被陕西省政府"农家书屋"工程列为指定读物。《新西部》将始终坚持"三贴近"的原则，以更强的政治意识、大局意识、责任意识和更加饱满的工作热情及创新精神，通过新闻报道质量的不断提高，增强刊物的舆论引导水平和服务水平，力争成为中国西部概念第一传媒，成为一个跻身全国名刊行列的媒体品牌。

35.《学术探索》

《学术探索》杂志由云南省社会科学界联合会主管、主办。原名《云南学术探索》，创刊于 1993 年 8 月，1998 年更名为《学术探索》，此刊名一直沿用至今。刊物以广大哲学社会科学工作者、研究人员、党政干部、高等院校教师和相关专业的学生为对象，设有哲学、经济、法律、政治学、国际问题、民族学、历史、文化、社会学、公共管理、文学艺术、省情、教育等十几个栏目。其办刊宗旨是：立足有云南特色的社科研究，反映全国学术研究重要成果，探索国内外前瞻性学科领域，评价当代重要社会科学著作，百花齐放、百家争鸣，理论联系实际，经世致用。

《学术探索》坚持正确的办刊政治方向，刊物质量不断提高。2008年、2014年入选北京大学图书馆评价的综合性人文、社会科学类全国中文核心期刊，2009年、2011年、2013年入选南京大学中文社会科学引文索引（CSSCI）来源期刊，2011年、2013年入选中国核心学术期刊（RCCSE），2014年入选中国人文社会科学核心期刊，2012年、2014年进入"复印报刊资料"重要转载来源期刊。

《学术探索》现为月刊，在全国社科界具有较大的影响力，成为云南省社科界对外交流的一张学术名片。为繁荣发展哲学社会科学，构建公共文化服务体系作出了积极贡献。

核心情况：全国中文核心期刊　中国人文社会科学核心期刊 CSSCI扩展版来源期刊　RCCSE中国核心学术期刊　"复印报刊资料"重要转载来源期刊

36.《资源开发与市场》

《资源开发与市场》是四川省科学技术厅主管，四川省自然资源科学研究院主办的综合性自然科学学术性期刊，涵盖自然科学的各个学科，月刊，国内外公开发行。本刊重点刊登国内以自然资源为主、兼顾社会经济资源的科学理论研究的创新成果，资源开发中的新技术、新方法、新工艺。辟有资源开发技术、研究方法、开发与保护、开发新动向、以及资源市场、产品市场等多个栏目。

37.《中国船检》

《中国船检》杂志是由交通部主管、中国船级社主办的面向国内外公开发行的科技类综合月刊。大16开本，全进口铜版纸，64页正文，部分文章中英文对照，全部彩色印刷。

《中国船检》杂志以"权威、精品、现代"为办刊宗旨，关注水上安全、船舶质量、水域环保以及海上反恐，倡导海事文化，提供技术服务；报道领域涉及造船、航运、船检、港口、水上安全、保险、海上开发、物流、法规规范、法律、环保、港口国检查、海上保安、海洋探索、船用产品等各个行业。集海事信息之大成，文章之锦绣，在业界引起强烈反响，在中国海事媒体中独树一帜。2001 年 11 月，《中国船检》杂志被科技部、国家新闻出版总署评为经济效益与社会效益并举的"双效期刊"，跻身代表中国期刊界最高水准的"中国期刊方阵"，成为中国海事界的品牌期刊。

《中国船检》杂志依托交通部、海事局、中国船级社等部门优势，有来自国际海事组织(IMO)、国际地区性组织、各国海事主管当局、国际船级社协会(IACS)的最新动态信息，有来自国家各主管部门最新颁布的法规、政策及行业规划信息，有来自中国船级社及各国船级社的最新船检通告，有对海上安全、防污染、港口国控制、海难事故分析、海事法律、保险等热门话题和热点事件的深入报道，有海事专家对各行业发展方向的探讨、预测。凭借本刊逐步壮大的记者队伍，其敏感触觉已渗透到海事领域各个角落，精心采编的精品文章、信息多属独家，其强势媒体的地位已初步奠定。

38.《中国航海》

《中国航海》系中国航海学会学报，创刊于 1965 年，是经国家新闻出版署批准，国内外公开发行，由中国科学技术协会主管、中国航海学会主办的中国航海界的综合性高级学术刊物。本刊的宗旨为：反映我国航海科技领域的研究成果及水平，促进我国航海科技的发展提高，促进国内外的学术交流。

《中国航海》主要刊载国家重点项目研究成果，航海科技界的学术论文和学会动态。主要栏目有：船舶导航与通信、船舶机电、航行安全、航海气象与环保、水运经济、操船论坛、船舶驾驶、航道与航标、海难救助与打捞、船舶防污染、学会动态等。其中操船论坛专栏探讨在第一线工作的船长、引航员、驾驶员和轮机长所关心的各类热点问题。

39.《中国海洋大学学报》社会科学版

《中国海洋大学学报（社会科学版）》（原《青岛海洋大学学报》社会科学版）创刊于 1988 年，是由国家教育部主管、中国海洋大学主办的人文社会科学类学术双月刊。1999 年起在国内外公开发行。

本刊以中国特色社会主义理论为指导，贯彻"双百"方针，立足学术前沿、关注理论创新、突出海洋人文社会学科特色。开设主要栏目有：海洋发展研究、经济与管理研究、政治学与法学研究、语言与文学研究、学术专题等。其中"海洋发展研究"为特色栏目。

《中国海洋大学学报（社会科学版）》是中国学术期刊综合评价数据库统计源期刊、中国期刊全文数据库全文收录期刊、中国人文社科引文数据库来源期刊，现为 CSSCI 扩展版源刊，RCCSE 中国核心学术期刊，获得"全国百强社科期刊"，"全国社科期刊特色栏目"，"全国理工农医院校优秀人文社会科学学报"等称号。

40.《中国海事》

《中国海事》杂志是交通运输部主管，中华人民共和国海事局主办的面向国内外公开发行的综合性技术刊物．本刊立足海事，服务航运，公开发行六年以来，很快成为海事业界颇具影响力的品牌期刊。栏目如下：

特别报道：策划重点选题、权威深度报道 名家访谈：立足高端人士、畅谈经验观点。

专家视点：解析热点问题、把脉海事发展 海事法苑：研讨公约法规、明晰政策走向

案例精选：剖析案例真相、当引前车之鉴 管理研讨：交流监管经验、探讨管理难点

海事博览：放眼世界海事、连接历史未来 海事资讯：关注行业动态、传递海事信息

41.《中国社会科学报》

《中国社会科学报》以马克思主义为指导，服务中国特色社会主义事业，扎根学术、服务中国、面向未来，坚持政治性、思想性、学术性、国际性、悦读性的有机统一，倾力打造中国哲学社会科学界最精良的报纸。《中国社会科学报》关注重大理论和实践问题，瞩目热点、难点、焦点和前沿问题；坚持理论创新，鼓励学者在坚持科学精神和科学原则的前提下，运用新方法，开辟新领域，提出新观点；坚持"百花齐放，百家争鸣"，提倡坦诚、平等、说理充分的批评与反批评，支持和扶持学派的形成与发展；注重对国内外社会思潮、学术动态的分析和评介，以我为主，为我所用；坚持弘扬优良的学风和文风，强调实事求是，鼓励严谨治学，提倡深入浅出，注重由博返约。中国社会科学杂志社将利用自身深厚的理论学术积淀和完备的编辑出版体系，使《中国社会科学报》与《中国社会科学》、*Social Sciences in China*、《国际社会科学杂志》、《中国社会科学文摘》、《中国社会科学内部文稿》、《历史研究》等重要学术期刊，协同作业、相辅相成，努力成为深刻反映学术前沿、时代精神与中国经验的权威阵地，推动中国特色哲学社会科学繁荣发展的高端平台，展示中华民族具有世界历史意义的当代智慧的重要窗口。《中国社会科学报》前身是社科院办公厅编辑的《中国社会科学院院报》和社科杂志社编辑的《中国社会科学院报》，内容偏社科，属于行业报。为进一步扩大《中国社会科学报》的影响力和覆盖面，中国社会科学杂志社已在广东、上海、陕西、武汉等四地建立记者站，吉林、四川、重庆、美国等记者站正在筹备中。2012 年，中国社会科学杂志社拟将《中国社会科学报》由周二刊改为周三刊，分别于周一、周三、周五出版。

42.《中国水运》

《中国水运》是交通部主管，面向国内外公开发行的水运行业综合性半月刊、交通部首批创办期刊、全国优秀科技期刊，入编中国学术期刊光盘版和入选全国期刊方阵。

《中国水运》(上半月)杂志(*China Water Transport*)(国内刊号：CN42-1395/U，国际刊号：ISSN1006-7973)创刊于1979年，是交通部主管，面向国内外公开发行的水运行业综合性半月刊、交通部首批创办期刊、全国优秀科技期刊，入编中国学术期刊光盘版和入选全国期刊方阵。

杂志以水运和相关行业的企事业单位、高等院校、科研院所的决策层、管理层、科技人员为读者对象，辟有视点、海事、管理、科技创新、港口经济、经营、船市、开发等特色专栏。逐步成为纵览国内外水运最新经济、管理、科技信息与成果的首选窗口，相关业界了解水运的重要渠道。辟有新观察、海事、港航管理、科技创新、港口经济、经营、船舶、开发建设等特色专栏。

43.《中国远洋海运》

《中国远洋海运》(月刊)创刊于1995年，由中国远洋海运集团有限公司主办。

《中国远洋海运》刊登航运、物流和港口的各类船期公告，瞄准航运市场热点，及时准确地提供物流运输、经贸、运价等方面的业务咨讯。并为海内外航运、物流、经贸企业提供优良的广告服务，发布外商来华广告，组织文化交流活动，进行经济信息咨询。

中国远洋海运栏目设置："航运人语"、"观察"、"全局"、"管理"、"聚焦"、"专栏"、"特别报道"、"业界"、"港情"、"市场"、"记忆"等。

44.《珠江水运》

《珠江水运》(半月刊)创刊于1993年，由交通部珠江航务管理局主办。杂志一直坚持"立足珠江，面向全国，服务水运，发展经济"的办刊宗旨，集管理、技术、知识、信息于一体，报道立足珠江，辐射华南，面向全国，贴近水运行业，报道水运发展，聚集行业热点，阐释政策法规，剖析水运市场，交流先进经验，推荐前沿技术，介绍优质产品，提供宣传平台。

杂志力求做到理论联系实际，增强针对性、可读性和指导性，在水运行业不断深化改革的过程中，为读者提供新的观点、新的知识，深受水运界的欢迎，成为向社会展示珠江水运行业发展的窗口。

3.2　外文期刊

注：按照期刊名称的英语字母表排序。

3.2.1　英语期刊

1. *Advances in Polar Science*

中文译名：《极地科学进展》

ISSN：1674-9928

出版商：中国极地研究所

国家：中国

2. *Antarctic Journal of the United States*

中文译名：《美国南极杂志》

ISSN：0003-5335

出版商：U. S. Department of Commerce ＊ National Science Foundation

国家：美国

3. Antarctic Research Book Series

中文译名：《南极研究丛书》

ISSN：无

出版商：American Geophysical Union

国家：美国

4. Arctic Anthropology

中文译名：《北极人类学》

ISSN：0066-6939

出版商：University of Wisconsin Press ＊ Journals Division

国家：美国

5. Arctic Yearbook

中文译名：《北极年鉴》

ISSN：2298-2418

出版商：Northern Research Forum ／ Rannsoknathing Nordursins

国家：冰岛

6. Canadian Sailings

中文译名：《加拿大航海》

ISSN：0821-5944

出版商：Joyce Hammock Great White Publications Inc. Publisher

国家：加拿大

7. CCAMLR Science

中文译名：《南极海洋生物资源保护委员会科学杂志》

ISSN：1023-4063

出版商：Commission for the Conservation of Antarctic Marine

Living Resources

国家：澳大利亚

8. *Ecological Research*

中文译名：《生态研究》

ISSN：0912-3814

出版商：Wiley-Blackwell Publishing Asia

国家：澳大利亚

9. *Global Policy*

中文译名：《全球政策》

ISSN：1758-5880

出版商：Wiley-Blackwell Publishing Ltd.

国家：英国

10. *Himalayan Journal*

中文译名：《喜马拉雅杂志》

ISSN：0164-3102

出版商：Nickleodeon Books Pte Ltd.

国家：英国

11. *New Zealand Journal of Marine and Freshwater Research*

中文译名：《新西兰海洋与淡水》

ISSN：0028-8330

出版商：Taylor & Francis Asia Pacific（Singapore）

国家：新加坡

12. *New Zealand Journal of Zoology*

中文译名：《新西兰动物学杂志》

ISSN：0301-4223

出版商：Taylor & Francis Asia Pacific（Singapore）

国家：新加坡

13. *Polar Biology*

中文译名：《极地生物》

ISSN：0722-4060

出版商：Springer

国家：德国

14. *Polar Geography*

中文译名：《极地地理》

ISSN：1088-937X

出版商：Taylor & Francis Inc.

国家：美国

15. *Polar Record*

中文译名：《极地记录》

ISSN：0032-2474

出版商：Cambridge University Press

国家：英国

16. *Polar Research*

中文译名：《极地研究》

ISSN：0800-0395

出版商：Co-Action Publishing

国家：瑞典

17. *Polar Science*

中文译名：《极地科学》

ISSN：1873-9652

出版商：Elsevier BV

国家：荷兰

18. *Regional Studies*

中文译名：《区域研究》

ISSN：9999-3404

出版商：Taylor & Francis Group - UK.

国家：英国

3.2.2 俄语期刊

注：俄语期刊名称按照俄语字母表排序。

1. Арктика и север

中文译名：《北极和北方》

ISSN：2221-2689

出 版 商：Северный（Арктический） федеральный университет имени М. В. Ломоносова

国家：俄罗斯

2. Арктика：экология и экономика

中文译名：《北极：生态和经济》

ISSN：2223-4594

出 版 社：Федеральное государственное бюджетное учреждение

науки Институт проблем безопасного развития атомной энергетики Российской академии наук（ИБРАЭ РАН）

国家：俄罗斯

3. АрктикаXXI век.

中文译名：《21 世纪北极》

ISSN：2310-5453/2587-5639

出版社：Северо-Восточный федеральный университет им. М. К. Аммосова

国家：俄罗斯

4. Научный вестник

中文译名：《科学学报》

ISSN：2587-6996

出版社：Государственное казенное учреждение Ямало-Ненецкого автономного округа《Научный центр изучения Арктики》

国家：俄罗斯

5. Проблемы Арктики и Антарктики

中文译名：《北极和南极问题》

ISSN：0555-2648/2618-6713

出版社：Государственный научный центр Российской Федерации Арктический и антарктический научно-исследовательский институт

国家：俄罗斯

3.2.3　其他语言期刊

注：按照期刊名称的英语字母表排序。

1. *Annales de Geographie*；*Bulletin de la Societe de Geographie*

中文译名：《地理学纪事；法国地理学会通报》

ISSN：0003-4010

出版商：Armand Colin

国家：法国

语言：法文

2. *La Geographie*

中文译名：《地理学报》

ISSN：1627-4911

出版商：Societe de Geographie

国家：法国

语言：法文

3. *Mitteilungen der Oesterreichischen Geographischen Gesellschaft*

中文译名：《奥地利地理学会通报》

ISSN：0029-9138

出版商：Oesterreichische Geographische Gesellschaft

国家：奥地利

语言：德文

4.《地理学评论》

中文译名：《地理学评论》

ISSN：1347-9555

出版商：日本地理学会

国家：日本

语言：日文

3.2.4　多语言期刊

1. *Arctic*

中文译名：《北极》

ISSN：0004-0843

出版商：University of Calgary ＊ Arctic Institute of North America

国家：俄语/法语/英语

2. *Berichte zur Polar-und Meeresforschung*

中文译名：《极地和海洋研究报》

ISSN：1618-3193

出版商：Alfred-Wegener-Institut-Helmholtz-Zentrum fuer Polar-und Meeresforschung/Alfred Wegener Institute for Polar and Marine Research

国家：德国

语言：德语/英语

3. *Polish Polar Research*

中文译名：《波兰极地研究》

ISSN：2081-8262

出版商：Polska Akademia Nauk ＊ Komitet Badan Polarnych

国家：波兰语/英语

第四章　极地研究专著

4.1　中文专著

注：按著作名称的汉语拼音字母排序。

4.1.1　极地政治及战略

1. 书名：《北极航道的国际问题研究》

作者：郭培清

出版社：海洋出版社

出版年份：2009

出版地：北京

2. 书名：《北极合作的北欧路径》

作者：（芬）拉塞·海宁恩，杨剑主编

出版社：时事出版社

出版年份：2019

出版地：北京

3. 书名：《北极熊的钝爪》

作者：《大舰队丛书》编写组

出版社：哈尔滨出版社

出版年份：2014

出版地：哈尔滨

4. 书名：《北极政治、海洋法与俄罗斯的国家身份》

作者：〔挪〕盖尔·荷内兰德

出版社：海洋出版社

出版年份：2017

出版地：北京

4. 书名：《北极治理范式研究》

作者：赵隆

出版社：时事出版社

出版年份：2014

出版地：北京

6. 书名：《俄罗斯的北极战略》

作者：匡增军

出版社：社会科学文献出版社

出版年份：2017

出版地：北京

7. 书名：《俄罗斯的变化与重新崛起》

作者：张国有主编

出版社：北京大学出版社

出版年份：2014

出版地：北京

8. 书名：《俄罗斯战略防御思想史略》

作者：牛立伟

出版社：时事出版社

出版年份：2017

出版地：北京

9. 书名：《俄罗斯战略问题十讲》

作者：杨育才

出版社：国防大学出版社

出版年份：2015

出版地：北京

10. 书名：《俄罗斯海洋战略研究》

作者：肖辉忠，韩冬涛等

出版社：时事出版社

出版年份：2016

出版地：北京

11. 书名：《俄罗斯的亚洲战略》

作者：［俄］米·列·季塔连科

出版社：中国社会科学出版社

出版年份：2014

出版地：北京

12. 书名：《俄罗斯、中国与世界秩序》

作者：［俄］米·季塔连科，［俄］弗·彼得罗夫斯基著

出版社：人民出版社

出版年份：2018

出版地：北京

13. 书名：《国际合作与北极治理》

作者：［挪］奥拉夫·施拉姆·斯托克，

（挪）盖尔·荷内兰德主编

出版社：海洋出版社

出版年份：2014

出版地：北京

14. 书名：《国际政治中的南极》

作者：潘敏

出版社：上海交通大学出版社

出版年份：2015

出版地：上海

15. 书名：《科学家与全球治理》

作者：杨剑 等

出版社：时事出版社

出版年份：2018

出版地：北京

16. 书名：《民族政治学——加拿大的族裔问题及其治理研究》

作者：周少青

出版社：中国社会科学出版社

出版年份：2017

出版地：北京

17. 书名：《经略北极》

作者：车福德

出版社：航空工业出版社

出版年份：2016

出版地：北京

18. 书名：《南极政治问题的多角度探讨》

作者：郭培清

出版社：海洋出版社

出版年份：2012

出版地：北京

19. 书名：《丝绸之路北极航线战略研究》

作者：李振福

出版社：大连海事大学出版社

出版年份：2016

出版地：大连

20. 书名：《亚洲国家与北极未来》

作者：杨剑

出版社：时事出版社

出版年份：2015

出版地：北京

21. 书名：《"一带一路"视阈下俄罗斯东欧中亚与世界》

作者：李永全

出版社：社会科学文献出版社

出版年份：2017

出版地：北京

4.1.2 极地法规政策

1. 书名：《北极地区》(第一卷)

作者：国际事务委员会主编

出版社：世界知识出版社

出版年份：2016

出版地：北京

2. 书名：《北极地区》(第二卷)

作者：国际事务委员会主编

出版社：世界知识出版社

出版年份：2016

出版地：北京

3. 书名：《北极地区》(第三卷)

作者：国际事务委员会主编

出版社：世界知识出版社

出版年份：2016

出版地：北京

4. 书名：《北极航道法律地位研究》

作者：王泽林

出版社：上海交通大学出版社

出版年份：2014

出版地：上海

5. 书名：《北极航道加拿大法规汇编》

作者：王泽林

出版社：上海交通大学出版社

出版年份：2015

出版地：上海

6. 书名：《北极航运的多层治理》

作者：李浩梅

出版社：海洋出版社

出版年份：2017

出版地：北京

7. 书名：《船舶北极航行法律问题研究》

作者：白佳玉

出版社：人民出版社

出版年份：2016

出版地：北京

8. 书名：《管理规制视角下中国参与北极航道安全合作实践研究》

作者：管理规制视角下中国参与北极航道安全合作实践研究

出版社：清华大学出版社

出版年份：2017

出版地：北京

9. 书名：《国际环境法视野下的北极环境法律遵守研究》

作者：陈奕彤

出版社：中国政法大学出版社

出版年份：2014

出版地：北京

10. 书名：《极地法律问题》

作者：贾宇

出版社：社会科学文献出版社

出版年份：2014

出版地：北京

11. 书名：《极地国家政策研究报告 2013—2014》

作者：丁煌

出版社：科学出版社

出版年份：2014

出版地：北京

12. 书名：《极地国家政策研究报告 2014—2015》

作者：丁煌

出版社：科学出版社

出版年份：2016

出版地：北京

13. 书名：《极地国家政策研究报告 2015—2016》

作者：丁煌

出版社：科学出版社

出版年份：2016

出版地：北京

14. 书名：《极地治理与中国参与》

作者：丁煌

出版社：科学出版社

出版年份：2018

出版地：北京

15. 书名：《极地周边国家海洋划界图文辑要》

作者：贾宇

出版社：社会科学文献出版社

出版年份：2015

出版地：北京

16. 书名：《门户国家经验视角下中国参与南极治理的问题及策略研究》

作者：何柳

出版社：武汉大学出版社

出版年份：2018

出版地：武汉

17. 书名：《中国的北极政策》

作者：中华人民共和国国务院新闻办公室

出版社：外文出版社

出版年份：2018

出版地：北京

18. 书名：《2016 加拿大政策发展报告》

作者：刘琛主编

出版社：外语教学与研究出版社

出版年份：2017

出版地：北京

4.1.3　极地经济和贸易

1. 书名:《北极区域经济》

作者:石敏俊 等

出版社:中国人民大学出版社

出版年份:2018

出版地:北京

2. 书名:《北极地区环境与资源潜力综合评估》

作者:国家海洋局极地专项办公室编

出版社:海洋出版社

出版年份:2018

出版地:北京

3. 书名:《北极地区油气资源国际合作战略研究》

作者:王艳丽 等

出版社:地质出版社

出版年份:2017

出版地:北京

4. 书名:《北极海域海洋生物和生态考察》

作者:国家海洋局极地专项办公室编

出版社:海洋出版社

出版年份:2016

出版地:北京

5. 书名:《北极通航环境与经济性分析》

作者:范厚明,蒋晓丹,刘益迎著

出版社：大连海事大学出版社

出版年份：2018

出版地：大连

6. 书名：《北极渔业及渔业管理与中国应对》

作者：邹磊磊

出版社：中国海洋大学出版社

出版年份：2017

出版地：青岛

7. 书名：《俄罗斯北极战略与"冰上丝绸之路"》

作者：钱宗旗

出版社：时事出版社

出版年份：2018

出版地：北京

8. 书名：《俄罗斯东部开发新战略与东北亚经济合作研究》

作者：郭连成主编

出版社：人民出版社

出版年份：2014

出版地：北京

9. 书名：《俄罗斯经济潜力与产业发展》

作者：蒋随，沈正平

出版社：中国经济出版社

出版年份：2018

出版地：北京

10. 书名：《俄罗斯经济现代化进程与前景》

作者：程亦军

出版社：中国社会科学出版社

出版年份：2017

出版地：北京

11. 书名：《俄罗斯经济与政治发展研究报告》

作者：中国人民大学–圣彼得堡国立大学俄罗斯研究中心

出版社：中国社会科学出版社

出版年份：2017

出版地：北京

12. 书名：《俄罗斯经济外交与中俄合作模式》

作者：田春生主编

出版社：中国社会科学出版社

出版年份：2015

出版地：北京

13. 书名：《俄罗斯区域经济发展与政策研究》

作者：葛新蓉

出版社：黑龙江大学出版社

出版年份：2015

出版地：哈尔滨

14. 书名：《芬兰模式》

作者：基莫·哈尔默（Kimmo Halme）等编著

出版社：上海交通大学出版社

出版年份：2016

出版地：上海

15. 书名：《极地和高山生物群落》

作者：［美］Joyce A. Quinn

出版社：长春出版社

出版年份：2014

出版地：长春

16. 书名：《南极周边海域磷虾等生物资源考察与评估》

作者：国家海洋局极地专项办公室编

出版社：海洋出版社

出版年份：2016

出版地：北京

17. 书名：《中俄北极"冰上丝绸之路"合作报告》

作者：高天明

出版社：时事出版社

出版年份：2018

出版地：北京

18. 书名：《中俄地区合作新模式的区域效应》

作者：郭力

出版社：社会科学文献出版社

出版年份：2015

出版地：北京

19. 书名：《中俄东部区域合作新空间》

作者：郭力

出版社：社会科学文献出版社

出版年份：2017

出版地：北京

20. 书名：《中国—俄罗斯经济合作发展报告》

作者：朱宇，［俄］A. B. 奥斯特洛夫斯基主编

出版社：社会科学文献出版社

出版年份：2018

出版地：北京

21. 书名：《中国东北与俄罗斯远东区域经济合作研究》

作者：胡仁霞

出版社：社会科学文献出版社

出版年份：2014

出版地：北京

4.1.4　极地文化和历史

1. 书名：《冰岛》

作者：刘立群编著

出版社：社会科学文献出版社

出版年份：2016

出版地：北京

2. 书名：《穿越北冰洋》

作者：何剑锋编著

出版社：上海科技教育出版社

出版年份：2016

出版地：上海

3. 书名：《丹麦》

作者：Mark Salmon

出版社：高等教育出版社

出版年份：2016

出版地：北京

4. 书名：《地球的白帽 神秘的两极》

作者：邵丽鸥主编

出版社：吉林美术出版社

出版年份：2014

出版地：长春

5. 书名：《俄罗斯区域概况》

作者：孙玉华主编

出版社：北京大学出版社

出版年份：2018

出版地：北京

6. 书名：《俄罗斯文化之旅》

作者：贾长龙，Е. А. Шевель 主编

出版社：高等教育出版社

出版年份：2017

出版地：北京

7. 书名：《芬兰》

作者：Terttu Leney

出版社：高等教育出版社

出版年份：2017

出版地：北京

8. 书名：《芬兰道路》

作者：Pasi Sahlberg

出版社：江苏凤凰科学技术出版社

出版年份：2015

出版地：南京

9. 书名：《芬兰基础教育》

作者：康建朝，李栋

出版社：同济大学出版社

出版年份：2015

出版地：上海

10. 书名：《芬兰教育全球第一的秘密》

作者：陈之华

出版社：中国青年出版社

出版年份：2016

出版地：北京

11. 书名：《芬兰教育现场》

作者：[美]蒂莫西·D. 沃尔克

出版社：华东师范大学出版社

出版年份：2018

出版地：上海

12. 书名：《芬兰史》
作者：大卫·科尔比
出版社：东方出版中心
出版年份：2017
出版地：上海

13. 书名：《风雪二十年 南极寻梦》
作者：孙立广
出版社：浙江教育出版社
出版年份：2018
出版地：杭州

14. 书名：《极地风云》
作者：陶红亮主编
出版社：海洋出版社
出版年份：2017
出版地：北京

15. 书名：《极地征途》
作者：鄂栋臣
出版社：科学出版社｜龙门书局
出版年份：2018
出版地：北京

16. 书名：《加拿大》
作者：刘军编著
出版社：社会科学文献出版社
出版年份：2015

出版地：北京

17. 书名：《南极"忍耐号"历险记》

作者：[英]欧内斯特·沙克尔顿爵士

出版社：商务印书馆

出版年份：2016

出版地：北京

18. 书名：《南极探险记》

作者：[挪]罗阿尔·阿蒙森（Roald Amundsen）

出版社：商务印书馆

出版年份：2017

出版地：北京

19. 书名：《南极探险及其地名》

作者：中国地名研究所，中国南极测绘研究中心编著

出版社：中国社会出版社

出版年份：2018

出版地：北京

20. 书名：《南极洲》

作者：科林·曼蒂斯

出版社：中信出版集团股份有限公司

出版年份：2016

出版地：上海

21. 书名：《南极洲》

作者：[澳]大卫·戴

出版社：商务印书馆

出版年份：2017

出版地：北京

22. 书名：《挪威》

作者：安东尼·哈姆（Anthony Ham），

斯图尔特·巴特勒（Stuart Butler），

唐娜·惠勒（Donna Wheeler）

出版社：中国地图出版社

出版年份：2016

出版地：北京

23. 书名：《破冰之旅》

作者：杨惠根主编

出版社：海洋出版社

出版年份：2014

出版地：北京

24. 书名：《瑞典》

作者：贝基·奥尔森（Becky Ohisen），

安娜·卡明斯基（Anna Kaminski），

约瑟芬·昆特罗（Josephine Quintero）

出版社：中国地图出版社

出版年份：2016

出版地：北京

25. 书名：《瑞典》

作者：Charlotte J. DeWitt

出版社：高等教育出版社

出版年份：2018

出版地：北京

26. 书名：《站在地球极点的思索》

作者：位梦华

出版社：湖北科学技术出版社

出版年份：2016

出版地：武汉

27. 书名：《征服北极点》

作者：［美］罗伯特・E. 皮里（Robert E. Peary）

出版社：商务印书馆

出版年份：2017

出版地：北京

4.1.5　极地地区发展报告

1. 书名：《北极地区发展报告 2014》

作者：刘惠荣主编

出版社：社会科学文献出版社

出版年份：2015

出版地：北京

2. 书名：《北极地区发展报告 2015》

作者：刘惠荣主编

出版社：社会科学文献出版社

出版年份：2016

出版地：北京

3. 书名：《北极地区发展报告 2016》

作者：刘惠荣主编

出版社：社会科学文献出版社

出版年份：2017

出版地：北京

4. 书名：《北极地区发展报告 2017》

作者：刘惠荣主编

出版社：社会科学文献出版社

出版年份：2018

出版地：北京

4.2 外文专著

4.2.1 英语极地文献

注：按照著作名称的英语字母表排序。

1. 书名：*Antarctic Environments And Resources：A Geographical Perspective*

中文译名：《南极环境与资源：地理学展望》

作者：J. D. Hansom And John Gordon

出版社：Routledge

出版年份：2017

2. 书名：*Antarctica：The Battle For The Seventh Continent*

中文译名：《南极洲：第七大陆的战役》

作者：Doaa Abdel-motaal

出版社：Praeger

出版年份：2016

3. 书名：*Arctic Environmental Modernities：From The Age Of Polar Exploration To The Era Of The Anthropocene*

中文译名：《北极环境的现代性：从极地探险时代到人类世时代》

作者：Stenport，Anna Westerstahl

出版社：Palgrave Macmillan

出版年份：2017

4. 书名：*Arctic Environmental Cooperation：A Study In Governmentality*

中文译名：《北极环境合作：治理技术研究》

作者：Monica Tennberg

出版社：Routledge

出版年份：2017

5. 书名：*Arctic Euphoria And International High North Politics*

中文译名：《北极热潮和国际高北政治》

作者：Honneland，Geir（the Fridtjof Nansen Institute Norway）

出版社：Springer Singapore

出版年份：2017

6. 书名：*Arctic Governance，Volume 1：Law And Politics*

中文译名：《北极治理》，第 1 卷：法律与政治

作者：Fridtjof Nansen Institute

出版社：I. B. Tauris

出版年份：2017

7. 书名：*Arctic Governance，Volume 2：Energy，Living Marine Resources And Shipping*

中文译名：《北极治理》，第 2 卷：能源，海洋生物资源和航运

作者：Fridtjof Nansen Institute

出版社：I. B. Tauris

出版年份：2018

8. 书名：*Arctic Ice Shelves And Ice Islands*

中文译名：《北极冰架与冰岛》

作者：Copland

出版社：Springer Netherlands

出版年份：2017

9. 书名：*Arctic Law And Governance：The Role Of China And Finland*

中文译名：《北极的法律和管理：中国与芬兰的作用》

作者：Koivurova，Timo；Qin，Tianbao

出版社：Hart Publishing

出版年份：2015

10. 书名：*Arctic Ocean Shipping：Navigation，Security And Sovereignty In The North American Arctic*

中文译名：《北极海运：北美北极的航行，安全和主权》

作者：Donald R. Rothwell

出版社：Brill

出版年份：2018

11. 书名：*Arctic Opening：security And Opportunity*

中文译名：《北极开发：不安全感和机会》

作者：Routledge

出版社：Routledge

出版年份：2017

12. 书名：*Arctic Summer College Yearbook：An Interdisciplinary Look Into Arctic Sustainable Development*

中文译名：《北极夏季学院年鉴：北极可持续发展的跨学科研究》

作者：Gruenig，Max；Riedel，Arne；O'Donnell，Brendan

出版社：Springer International Publishing

出版年份：2017

13. 书名：*Arctic Sustainability Research：Past，Present And Future*

中文译名：《北极的可持续研究：过去、现在与未来》

作者：Andrey N. Petrov, Shauna Burnsilver

出版社：Routledge

出版年份：2017

14. 书名：*Common Resources：Law Of The Sea，Outer Space，Antarctica*

中文译名：《共同资源：海洋法，外太空，南极》

作者：John Norton Moore

出版社：Brill ｜ Nijhoff

出版年份：2018

15. 书名：*Encounters On The Passage：Inuit Meet The Explorers*

中文译名：《狭路相逢：因纽特人面对探索者》

作者：Eber，Dorothy

出版社：University of Toronto Press

出版年份：2008

16. 书名：*Encyclopedia of the Antarctic*

中文译名：《南极百科全书》

作者：Edited by Beau Riffenburgh

出版社：Routledge

出版年份：2006

17. 书名：*Environmental Impact Assessment（EIA）In The Arctic*

中文译名：《北极环境影响评估(EIA)》

作者：Timo Koivurova

出版社：Routledge

出版年份：2017

18. 书名：*Experiencing And Protecting Sacred Natural Sites Of Sámi And Other Indigenous Peoples：The Sacred Arctic*

中文译名：《体验与保护萨米人及其他土著人神圣自然遗迹：神圣的北极》

作者：Heinamaki，Leena；Herrmann，Thora Martina

出版社：Springer International Publishing

出版年份：2017

19. 书名：*First Migrants - Ancient Migration In Global Perspective*

中文译名：《最早的移民：从全球的角度看古代迁移》

作者：Bellwood，Peter

出版社：Wiley-blackwell

出版年份：2013

20. 书名： *Footsteps on the Ice：The Antarctic Diaries of Stuart D. Paine，Second Byrd Expedition*

中文译名：《冰上足迹：S·D·佩因第 2 次伯德探险的南极日记》

作者：Paine，M. L.

出版社：University Of Missouri Press

出版年份：2007

21. 书名： *Franz Boas Among The Inuit Of Baffin Island，1883—1884：Journals And Letters*

中文译名：《巴芬岛因纽特人中的弗朗茨·博阿斯：1883—1884 信件》

作者：Ludger Muller-wille

出版社：University Of Toronto Press，Scholarly Publishing Division

出版年份：2016

22. 书名： *Frozen Saqqaq Sites Of Disko Bay，West Greenland*

中文译名：《迪斯科湾：格陵兰岛西部冰封沙加克遗址》

作者：Bjarne Grã，nnow

出版社：Museum Tusculanum Press

出版年份：2017

23. 书名： *Future Arctic*

中文译名：《未来北极》

作者：Edward Struzik

出版社：Island Press

出版年份：2016

24. 书名： *Global Challenges In The Arctic Region：Sovereignty，Environment And Geopolitical Balance*

中文译名：《北极地区的全球化挑战：主权、环境与地缘政治平衡》

作者：Edited By Elena Conde And Sara Iglesias Sánchez

出版社：Routledge

出版年份：2016

25. 书名：*Governance Of Arctic Shipping：Balancing Rights And Interests Of Arctic States And User States*

中文译名：《北极航运治理：平衡北极国家和使用国的权利和利益》

作者：Robert C. Beckman

出版社：Brill ︱ Nijhoff

出版年份：2017

26. 书名：*Greenland And The International Politics Of A Changing Arctic：Postcolonial Paradiplomacy Between High And Low Politics*

中文译名：《格陵兰和北极变化的国际政治：高级政治与低级政治之间的后殖民对立》

作者：Edited By Kristian Søby Kristensen And Jon Rahbek-clemmensen

出版社：Routledge

出版年份：2017

27. 书名：*Handbook On The Politics Of Antarctica*

中文译名：《南极政策手册》

作者：Dodds, K. Hemmings, A. D. Roberts, P.

出版社：Edward Elgar Publishing

出版年份：2017

28. 书名：*Human Colonization Of The Arctic：The Interaction Between Early Migration And The Paleoenvironment*

中文译名：《北极地区的人类殖民化：早期移民与古环境的相互作用》

作者：Kotlyakov，V. M.

出版社：Academic Press

出版年份：2017

29. 书名：*Hummocks：Journeys and Inquiries Among the Canadian Inuit*

中文译名：《冰丘：加拿大因纽特人探访之旅》

作者：Malaurie，Jean

出版社：Mcgill Queens University Press

出版年份：2007

30. 书名：*Indigenous Peoples Governance Of Land And Protected Areas In The Arctic*

中文译名：《北极原住民土地治理与保护区》

作者：Herrmann，Thora Martina

出版社：Springer International Publishing

出版年份：2015

31. 书名：*International Disputes And Cultural Ideas In The Canadian Arctic：Arctic Sovereignty In The National Consciousness*

中文译名：《加拿大北极的国际争端与文化观念：国家意识中的北极主权》

作者：Burke

出版社：Palgrave Macmillan

出版年份：2017

32. 书名：*International Law And Politics Of The Arctic Ocean：Essays In Honor Of Donat Pharand*

中文译名：《国际法和北冰洋的政治：多纳特·帕拉德的纪念文集》

作者：Suzanne Lalonde

出版社：Brill | Nijhoff

出版年份：2015

33. 书名：*International Polar Law*

中文译名：《国际极地法》

作者：Rothwell，D. R. Hemmings，A. D.

出版社：Edward Elgar Publishing

出版年份：2018

34. 书名：*International Politics In The Arctic：Contested Borders，Natural Resources And Russian Foreign Policy*

中文译名：《北极国际政治：有争议的边界，自然资源和俄罗斯外交政策》

作者：Geir Hønneland

出版社：I. B. Tauris

出版年份：2017

35. 书名：*Kerr'S Voyages 4：Captain Cook And The Southern Hemisphere*

中文译名：《克尔航行4：库克船长及南半球》

作者：Kerr，Robert

出版社：I. B. Tauris

出版年份：2013

36. 书名：*Lost Antarctica：Adventures in a Disappearing Land*

中文译名：《丢失的南极洲：消失陆地上的冒险》

作者：James McClintock

出版社：Pal Scholarly

出版年份：2014

37. 书名：*Melting The Ice Curtain*：*The Extraordinary Story Of Citizen Diplomacy On The Russia-alaska Frontier*

中文译名：《融化冰幕：俄罗斯 - 阿拉斯加边疆公民外交的非凡故事》

作者：David Ramseur

出版社：University Of Alaska Press

出版年份：2017

38. 书名：*New Mobilities And Social Change In Russia's Arctic Regions*

中文译名：《俄罗斯北极地区的新迁移率与社会变迁》

作者：Marlene Laruelle

出版社：Routledge

出版年份：2016

39. 书名：*North*：*Finding Place In Alaska*

中文译名：《北部：在阿拉斯加寻找地方》

作者：Julie Decker

出版社：University Of Washington Press

出版年份：2017

40. 书名：*Northern Sustainabilities*：*Understanding And Addressing Change In The Circumpolar World*

中文译名：《北部可持续性：了解与解决极地世界的变化》

作者：Fondahl，Gail A.

出版社：Springer International Publishing

出版年份：2017

41. 书名：*Responsibilities And Liabilities For Commercial Activity In The Arctic：The Example Of Greenland*

中文译名：《北极地区商业活动的责任和责任：格陵兰岛的例子》

作者：Edited By Vibe Ulfbeck，Anders Møllmann And Bent Ole Gram Mortensen

出版社：Routledge

出版年份：2016

42. 书名：*Polar Exploration In The Nineteenth Century：Heroism And National Identity*

中文译名：《19 世纪极地探险：英雄主义与民族身份》(丛书)

作者：Huw Lewis Jones

出版社：I. B. Tauris

出版年份：2016

43. 书名：*Polar Mariner：Beyond The Limits In Antarctica*

中文译名：《极地水手：在南极洲超越极限》

作者：Woodfield，Captain Tom

出版社：Whittles Publishing

出版年份：2016

44. 书名：*Project Management In Extreme Situations：Lessons From Polar Expeditions，Military And Rescue Operations. And Wilderness Exploration*

中文译名：《极端情况下的项目管理：来自极地探险、军队与救援活动和荒野探险的教训》

作者：Monique Aubry And Pascal Lievre

出版社：Auerbach Publications

出版年份：2016

45. 书名：*Protection Of The Three Poles*

中文译名：《保护地球的三极》

作者：Huettmann，Falk

出版社：Springer Japan

出版年份：2012

46. 书名：*Russia And The Arctic：Environment，Identity And Foreign Policy*

中文译名：《俄罗斯与北极：环境、身份和外交政策》

作者：Geir Hønneland

出版社：I. B. Tauris

出版年份：2016

47. 书名：*Science And Geopolitics Of The White World：Arctic-antarctic-himalaya*

中文译名：《白色世界的科学与地缘政治：北极、南极、喜马拉雅山》

作者：Goel

出版社：Springer International Publishing

出版年份：2017

48. 书名：*Slicing The Silence：Voyaging To Antarctica*

中文译名：《沉默的限制：南极洲航行》

作者：Griffiths，Tom

出版社：Harvard University Press

出版年份：2010

49. 书名：*Sustainable Energy Resources And Economics In Iceland And Greenland*

中文译名：《冰岛与格陵兰岛的可持续能源资源与经济学》

作者：Kristjansdottir，Helga

出版社：Springer International Publishing

出版年份：2015

50. 书名：*Teaching In A Cold And Windy Place：Change In An Inuit School*

中文译名：《在寒风中教学：一所因纽特学校的改变》

作者：Joanne Elizabeth Tompkins

出版社：University Of Toronto Press

出版年份：1998

51. 书名：*The Arctic In International Law And Policy*

中文译名：《北极国际法与政策》

作者：Schonfeldt，Kristina

出版社：Hart Publishing

出版年份：2017

52. 书名：*The Diary Of Johannes Hansen*

中文译名：《约翰内斯·汉森日记》

作者：Hansen，Johannes

出版社：International Polar Institute

出版年份：2015

53. 书名：*The European Union And The Arctic*

中文译名：《欧盟与北极》

作者：Nengye Liu

出版社：Brill ｜ Nijhoff

出版年份：2017

54. 书名：*The Greatest Show In The Arctic：The American Exploration Of Franz Josef Land，1898-1905*

中文译名：《北极的最精的演出：美国对法兰士约瑟夫地的探索，1898—1905 年》

作者：Capelotti，P J

出版社：University Of Oklahoma Press

出版年份：2016

55. 书名：*The Laws Protecting Animals And Ecosystems*

中文译名：《保护动物和生态系统法律》

作者：Paul A. Rees

出版社：Wiley-blackwell

出版年份：2017

56. 书名：*The Life Of José María Sobral：Scientist，Diarist，And Pioneer In Antarctica*

中文译名：何塞·马里亚·索布拉尔生平：南极科学家、日记作者与先锋

作者：Tahan

出版社：Springer International Publishing

出版年份：2017

57. 书名：*The Northern Sea Route As A Shipping Lane：Expectations And Reality*

中文译名：《作为航道的北海航线：期望与现实》

作者：Pastusiak

出版社：Springer International Publishing

出版年份：2016

58. 书名：*The Oxford Handbook Of The Prehistoric Arctic*

中文译名：《牛津史前北极手册》

作者：Friesen，T. Max；Mason，Owen K.

出版社：Oxford University Press

出版年份：2016

59. 书名：*The Politics of Arctic Sovereignty：Oil，ice and Inuit Governance*

中文译名：《北极主权的政治：油、冰和因纽特人治理》

作者：Jessica M. Shadian

出版社：Routledge

出版年份：2012

60. 书名：*The Way Of Inuit Art：Aesthetics And History In And Beyond The Arctic*

中文译名：《因纽特人艺术之路——北极的美学和历史》

作者：Auger

出版社：Mcfarland & Co.

出版年份：2011

61. 书名：*The Western Arctic Seas Encyclopedia*

中文译名：《西北冰洋百科全书》

作者：Zonn

出版社：Springer International Publishing

出版年份：2017

62. 书名：*The Yearbook Of Polar Law* Volume 8，2016

中文译名：《极地法年鉴》2016 年第 8 卷

作　者：Gudmundur Alfredsson

出版社：Brill ｜ Nijhoff

出版年份：2017

63. 书名：*Tourism In Antarctica A Multidisciplinary View Of New Activities Carried Out On The White Continent*

中文译名：《南极洲旅游：在白色大陆开展新活动的多学科观点》

作　者：Schillat Monika；Jensen Marie；Vereda，Marisol；Sanchez Rodolfo A；RouraRicardo

出版社：Springer International Publishing

出版年份：2016

64. 书名：*Unfreezing The Arctic：Science，Colonialism，And The Transformation Of Inuit Lands*

中文译名：《解冻的北极科学，殖民主义，与因纽特人的土地转换》

作　者：Andrew Stuhl

出版社：University Of Chicago Press

出版年份：2016

65. 书名：*White Fox And Icy Seas In The Western Arctic：The Fur Trade，Transportation，And Change In The Early Twentieth Century*

中文译名：《西北极地区的白狐狸和冰冷的海洋：二十世纪初毛皮贸易，运输和变化》

作　者：John R. Bockstoce；William Barr

出版社：Yale University Press

出版年份：2018

4.2.2　俄语极地著作

注：按照著作名称的俄语字母排序。

1. 书名：Амундсен : точка невозврата : как исчез великий полярник

中文译名：《阿蒙森：不归路：伟大的极地探险家如何消失》

作者：Кристенсен，М.

出版社：Urss

出版年份：2018

2. 书名：Арктика в исследованиях института экономических проблем им. Г. П. Лузина КНЦ РАН：тридцать лет научного поиска

中文译名：《俄罗斯科学院科拉半岛科学中心卢京北极经济研究所：科学探索三十年》

作者：Рябова Л. А.

出版社：Кольский Научный Центр Ран

出版年份：2017

3. 书名：Арктика за гранью фантастики : будущее Севера глазами советских инженеров，изобретателей и писателей

中文译名：《超越虚构的北极：通过苏联工程师，发明家和作家的眼睛看待北方的未来》

作者：Филин，Павел

出版社：Paulsen，Арктический Музейно-Выставочный Центр

出版年份：2018

4. 书名：Арктика И Северный Морской Путь : Безопасность И Богатство России

中文译名：《北极和北方海路：俄罗斯的安全和财富》

作者：Широкорад Александр Борисович

出版社：Вече

出版年份：2017 年

5. 书名：Арктические зеркала : Россия и малые народы Севера

中文译名：《北极镜子：俄罗斯与北方的少数民族》

作者：Слезкин Юрий

出版社：Новое Литературное Обозрение

出版年份：2017

6. 书名：Арктическая Энциклопедия : В Двух Томах

中文译名：《北极科学考察：两卷本》

作者：Паулсен

出版社：Паулсен

出版年份：2017

7. 书名：Архипелаг Новая Земля : история，имена и названия

中文译名：《新地群岛：历史，名字和称谓》

作者：Саватюгин，Лев Михайлович

出版社：Паулсен

出版年份：2017

8. 书名：Беларусь в Антарктике : к 10-летию начала регулярных научных и экспедиционных исследований

中文译名：《白俄罗斯在南极：开始定期科学研究与科学考察 10

周年》

作者：Логвинов Владимир Федорович

出版社：Беларуская Наука

出版年份：2016

9. 书名：Битва за Арктику. Будет ли Север Русским? (Серия "Проект "Россия". Возрождение")

中文译名：《北极之战：北方还属不属于俄罗斯人?》(俄罗斯复兴项目丛书)

作者：Инджиев А. А.

出版社：Эксмо

出版年份：2010

10. 书名：Битва за ресурсы

中文译名：《资源之战》

作者：Прокопенко Игорь Станиславович

出版社：Издательство "Э"

出版年份：2017

11. 书名：Битва за русскую Арктику

中文译名：《俄罗斯北极之战》

作者：Широкорад, Алесандр Борисович

出版社：Вече

出版年份：2015

12. 书名：Вайгач : остров арктических богов

中文译名：《瓦伊加奇：北极神的岛屿》

作者：Paulsen

出版社：Paulsen

出版年份：2011

13. 书名：В Арктику : великое открытие Амундсена

中文译名：《去北极：阿蒙森的伟大发现》

作者：Бьёрн Оусланд

出版社：Паулсен

出版年份：2015

14. 书名：В небе покинутой Арктики : несколько фрагментов из истории высокоширотных перелетов и освоения Арктики в период 30-х - начала 40-х годов прошедшего века

中文译名：《被遗弃的北极天空：上世纪 30-40 年代初北极开发》
与高纬飞行的历史片段

作者：Каминский Юрий

出版社：Гласность-Ас

出版年份：2006

15. 书名：Геокультуры Арктики: методология анализа и прикладные исследования

中文译名：《北极地理文化：分析方法和应用研究》

作者：Замятин Н. Д.

出版社：Канон，Реабилитация

出版年份：2017

16. 书名：**Гостеприимная Арктика**

中文译名：《好客的北极》

作者：Стефанссон，Вильялмур

出版社：Амфора

出版年份：2015

17. 书名：**Государство Российское : новый этап : Арктический вектор**

中文译名：《俄罗斯政府：新阶段：北极方向》

作者：Проханов Алекандр

出版社：Книжный Мир，Изборский Клуб

出版年份：2016

18. 书名：**Гренландский меридиан : переход через Гренландию с юга на север на лыжах и собачьих упряжках**

中文译名：《格陵兰子午线：乘狗拉雪橇从南至北穿越格陵兰》

作者：Боярский В.

出版社：Паулсен

出版年份：2017

19. 书名：**Демографические Процессы, Динамика Трудовых Ресурсов И Риски Здоровью Населения Европейской Части Арктической Зоны России**

中文译名：《人口进程，劳动力资源动态和俄罗斯北极地区欧洲人口的健康风险》

作者：Ревич Борис Александрович

出版社：Ленанд

出版年份：2016

20. 书名：Европейская Арктика：Морские Зверобойные Промыслы Выговского Старообрядческого Общежительства В XVIII-XIX Веках：Суда，Кормщики，Работные Люди（к Исследованию Поморской Экономической Структуры）

中文译名：《欧洲北极：十八至十九世纪海上捕鱼的维戈夫斯基旧信徒住宅、船舶、饲料、劳动人民（对北方沿海居民经济结构研究）》

作者：Брызгалов，Виктор Васильевич

出版社：Лодия

出版年份：2016

21. 书名：Забытые герои Арктики：люди и ледоколы

中文译名：《被遗忘的北极英雄：人和破冰船》

作者：Кузнецов，Н. А.

出版社：Паулсен

出版年份：2018

22. 书名：Затонувшие в Арктике：аварии и катастрофы в полярных морях

中文译名：《在北极沉没：极地海域的事故和灾难》

作者：Кузнецов Никита Анатольевич

出版社：Паулсен

出版年份：2015

23. 书名：Здравствуй，Антарктида！：к 60-летию начала советских исследований в Антарктике

中文译名：《你好，南极！：苏联研究南极60周年纪念》

作者：Каграманова，В. С.

出版社：Государственный Центральный Музей Современной

Истории России

出版年份：2017

24. 书名：Земля Франца-Иосифа

中文译名：《弗朗茨-约瑟夫地》

作者：Боярский, П. В.

出版社：Paulsen

出版年份：2013

25. 书名：Изнанка белого : арктика от викингов до папанинцев

中文译名：《白色的背景：从维京人到帕潘宁人的北极》

作者：Алиев, Р.

出版社：Urss

出版年份：2018

26. 书名：Как открыли Русскую Америку : экспедиции Беринга и Чирикова

中文译名：《如何发现俄罗斯的美洲：白令和奇里科夫的远征》

作者：Худяков B.

出版社：Паулсен

出版年份：2017

27. 书名：Командиры Полярных Морей

中文译名：《极地海洋的指挥官》

作者：Черкашин H

出版社：Вече

出版年份：2017

28. 书名：Кто был первым на Северном полюсе

中文译名：《谁是北极点的第一人》

作者：Бундур О.

出版社：Паулсен

出版年份：2018

29. 书名：Ледокол : подлинная история "Михаила Сомова"

中文译名：《破冰船："米哈伊尔·索莫夫"的真实故事》

作者：Кузнецов Н.

出版社：Паулсен

出版年份：2017

30. 书 名：Макроэкономическое регулирование пространственной экономики Арктической зоны Российской Федерации : монография

中文译名：《俄罗斯联邦北极地区空间经济的宏观经济调控：专题》

作者：Тупчиенко В. А.

出版社：Национальный Исследовательский Ядерный Университет 《Мифи》

出版年份：2016

31. 书名：Моря Российской Арктики : в 2 томах

中文译名：《俄罗斯北极海域：两卷本》

作者：Визе Владимир

出版社：Паулсен

出版年份：2016

32. 书名：На Западе Шестого Континента : Страницы Из Полярного Дневника

中文译名：《在第六大陆的西部：极地日记的页面》

作者：Михрин Леонид Михайлович

出版社：Государственный Научный Центр Рф Арктический И Антарктический Научно Исследовательский Институт

出版年份：2017

33. 书名：На пути к недрам Арктики，Антарктики и Мирового океана

中文译名：《在前往北极，南极和世界海底的途中》

作者：Бурская，А.

出版社：Океангеология

出版年份：2007

34. 书名：Нансен：через Гренландию

中文译名：《南森：穿越格陵兰》

作者：Бьерн Оусланд

出版社：Паулсен

出版年份：2015

35. 书名：На Север：Нансен идёт к полюсу

中文译名：《向北：南森走向极点》

作者：Бьёрн Оусланд

出版社：Паулсен

出版年份：2015

36. 书名：На юг，к Земле Франца-Иосифа！

中文译名：《向南，到弗朗兹约瑟夫岛去！》

作者：Альбанов Валериан

出版社：Паулсен

出版年份：2017

37. 书名：Нестратегические Вопросы Безопасности И Сотрудничества В Арктике

中文译名：《北极安全与合作的非战略性问题》

作者：Загорский Андрей Владимирович

出版社：Имэмо

出版年份：2016

38. 书名：Открытие Северной Земли в 1913 году.

中文译名：《1913 年北地岛的发现》

作者：Долгова С.

出版社：Paulsen

出版年份：2013

39. 书名：Папанинцы : как четыре полярника и собака покорили Арктику

中文译名：《帕潘宁人：四个极地探险家和一只狗征服北极》

作者：Худяков В.

出版社：Паулсен

出版年份：2017

40. 书名：Первый живописец Арктики : Александр Алексеевич Борисов

中文译名：《北极的第一位画家：亚历山大·阿里克谢耶维奇·鲍里索夫》

作者：Бурлаков Ю.

出版社：Паулсен

出版年份：2017

41. 书名：Первый на полюсе : подвиг Водопьянова

中文译名：《极点第一人：沃达皮亚诺夫的壮举》

作者：Корнеева Ольга

出版社：Паулсен

出版年份：2015

42. 书名：Победа в Арктике

中文译名：《北极的胜利》

作者：Больных Александр

出版社：Транзиткнига，Аст

出版年份：2005

43. 书名：Полюс холода

中文译名：《寒极》

作者：Саватюгин Лев Михайлович

出版社：Арктический И Антарктический Нии

出版年份：2008

44. 书名：Полярные капитаны Российского и советского флота

中文译名：《俄罗斯和苏联舰队的极地船长》

作者．Куопецов Нишита

出版社：Паулсен

出版年份：2014

45. 书名：**Полярный круг**

中文译名：《极圈》

作者：Мысль

出版社：Мысль

出版年份：1989

46. 书名：**Полярные Чтения На Ледоколе "красин"-2015：Арктика В Годы Великой Отечественной Войны**

中文译名：《破冰船"克拉辛"-2015 的极地阅读：伟大卫国战争年代的北极》

作者：Филин П. А.

出版社：Паулсен

出版年份：2016

47. 书名：**Полярные чтения на ледоколе "Красин"-2016：культурное наследие в Арктике：вопросы изучения, сохранения и популяризации, Санкт-Петербург, 28-29 апреля 2016 г**

中文译名：《破冰船上"克拉辛"-2016 的极地阅读：北极的文化遗产：研究，保存和普及的问题，圣彼得堡，2016 年 4 月 28 日至 29 日》

作者：Филин П. А.

出版社：Паулсен

出版年份：2017

48. 书名：**Полярная Экспедиция На Ледоколах "таймыр" И "вайгач" В 1910-1915 Годах**

中文译名：《乘"泰梅尔"号和"瓦伊加奇"号破冰船的极地考察 1910—1915》

作者：Евгенов Николай Иванович

出版社：Географ. G&G

出版年份：2013

49. 书名：Прерии Арктики

中文译名：《北极大草原》

作者：Сетон-Томпсон，Эрнест

出版社：Амфора

出版年份：2015

50. 书名：Проблемы конституционно-правового регулирования статуса арктических территорий Российской Федерации : материалы круглого стола международной научно-практической конференции "Енисейские политико-правовые чтения"（21-22 сентября 2017 г.）

中文译名：《俄罗斯联邦北极领土地位的宪法和法律规定问题：国际科学实践会议"叶尼塞政治和法律解读"圆桌会议的材料（2017 年 9 月 21 日至 22 日）》

作者：Кондрашева А. А.

出版社：Красноярский Государственный Аграрный Университет

出版年份：2017

51. 书名：Регионы Севера и Арктики Российской Федерации：современные тенденции и перспективы развития

中文译名：《俄罗斯联邦北部和北极地区：当前趋势和发展前景》

作者：Скуфьина Т. П.

出版社：Кольский Научный Центр Ран

出版年份：2017

52. 书名：Рекорды Чкалова и Громова ： через полюс--в Америку

中文译名：《奇佳洛夫与格拉莫夫的记录：穿越极点到美国》

作者：Худяков Вадим

出版社：Паулсен

出版年份：2017

53. 书名：Рожденные Под Полярной Звездой ： Пароль-северяне：（ эстетика Этнологических Воззрений В Контексте Художественной Практики Писателей ЯНАО）

中文译名：《极星之下的北方人密码：民族学视角下亚马尔-涅涅茨作家艺术实践中的美学》

作者：Цымбалистенко Наталия Васильевна

出版社：Литературный Город

出版年份：2016

54. 书名：Российская Арктика в поисках интегральной идентичности：коллективная монография

中文译名：《俄罗斯北极寻求整体身份：集体主题》

作者：Подвинцев О. Б.

出版社：Новый Хронограф

出版年份：2016

55. 书名：Российская Арктика ： к новому пониманию процессов освоения

中文译名：《俄罗斯北极：发展进程的新认识》

作者：Замятина Н. Ю.

出版社：Urss

出版年份：2018

56. 书名：Российская Арктика：Коренные Народы И Промышленное Освоение

中文译名：《俄罗斯北极：土著人民和工业开发》

作者：Тишков В. А.

出版社：Нестор-История

出版年份：2016

57. 书名：Россия в Арктике ：вызовы и перспективы освоения

中文译名：《俄罗斯北极：开发的号召和前景》

作者：Ремизов М. В.

出版社：Книжный Мир

出版年份：2015

58. 书名：Россия в Арктике：государственная политика и проблемы освоения

中文译名：《北极的俄罗斯：公共政策和发展问题》

作者：Комлева Е. В.

出版社：Параллель，Институт Истории Со Ран

出版年份：2017

59. 书名：Русская Арктика со времен Петра I ：путешествия и открытия

中文译名：彼得一世以来的俄罗斯北极：旅行和发现

作者：Ллшиа Мария

出版社：Просвещение

出版年份：2016

60. 书名：Русский Колумб XX века：Борис Вилькицкий

中文译名：《二十世纪俄罗斯的哥伦布：鲍里斯·维尔基茨基》

作者：Кузнецов Никита Анатольевич

出版社：Паулсен

出版年份：2014

61. 书名：Русские экспедиции в Арктику 1913-1914

中文译名：《1913—1914 俄罗斯在北极的探险》

作者：Paulsen

出版社：Paulsen

出版年份：2013

62. 书名：Сбалансированное региональное развитие приарктических территорий：проблемы и перспективы：сборник научных трудов

中文译名：《亚北极地区均衡区域发展：问题与前景：科学论文集》

作者：Синицкая Н. Я.

出版社：Северный（Арктический）Федеральный Университет

出版年份：2014

63. 书名：Седов：вперёд на полюс

中文译名：《谢多夫：前进到极点》

作者：Григорьев Алексей

出版社：Паулсен

出版年份：2017

64. 书名：Секретные базы III Рейха в Антарктиде

中文译名：《南极第三帝国的秘密基地》

作者：Васильченко А. В.

出版社：Вече

出版年份：2016

65. 书名：Спасение Челюскинцев ： Как Погиб Пароход И Выжили Люди Во Льдах Арктики

中文译名：《切柳斯基涅茨拯救：汽船如何沉没和人们走出北极冰区》

作者：Сафонов С.

出版社：Паулсен

出版年份：2016

66. 书名：Строительный комплекс Арктики ： опыт Югры

中文译名：《建设北极综合体：乌格拉体验》

作者：Котилко Валерий Валентинович

出版社：Издательские Решения

出版年份：2017

67. 书名：Судоходство во льдах Арктики

中文译名：《在北极冰层航行》

作者：Арикайнен А. И.

出版社：Транспорт

出版年份：1990

68. 书名：Транспорт и логистика в Арктике ： альманах，№1，2015

中文译名：《北极地区的运输和物流：年鉴》，第一册，2015

作者：Новиков，С.

出版社：Техносфера

出版年份：2015

69. 书名：Транспорт и логистика в Арктике : регулярное судоходство по СМП--залог ускоренного развития Дальнего Востока : альманах 2017

中文译名：《北极地区的运输和物流：NSR 的定期航运是远东加速发展的保证：2017 年鉴》

作者：Новиков С. В.

出版社：Urss

出版年份：2017

70. 书名：Холодное Небо : Авиация В Освоении Российского Севера И Арктики

中文译名：《寒冷的天空：俄罗斯北部和北极地区的航空发展》

作者：Семенов Владимир Николаевич

出版社：Арктический И Атлантический Нии

出版年份：2016

71. 书名：Что искал Третий рейх в Советской Арктике : секреты "полярных волков"

中文译名：《德意志第三帝国在苏联北极寻找什么："极地狼"的秘密》

作者：Федоров Анатолий

出版社：Вектор

出版年份：2011

72. 书名：8 полюсов Фредерика Паулсена : путешествие в мир холода

中文译名：《弗雷德里克·保尔森的 8 个极点：进入寒冷世界的旅程》

作者：Бюффе Ш.

出版社：Паулсен

出版年份：2017

73. 书名：25 дней в Ледовитом океане ：Певек--"СП-31"--мыс Барроу--Певек ：непридуманный роман

中文译名：《北冰洋 25 天：佩韦克—北极 31 站—布朗角—佩韦克：非虚构小说》

作者：Иоффе, Григорий

出版社：Арктический И Антарктический Нии

出版年份：2011

74. 书名：100 Великих Тайн Арктики

中文译名：《北极的 100 个秘密》

作者：Славин Святослав Николаевич

出版社：Вече

出版年份：2017

第五章 极地研究的论文

注：论文按照发表时间排序，逆序。

5.1 汉语论文

5.1.1 北极相关论文

1. 那力．国际法视域下的北极问题与中国的参与[J]．长春市委党校学报，2019(01)：43-46.

2. 罗英杰．中俄共建"冰上丝绸之路"：成果与挑战[J]．世界知识，2019(03)：52-53.

3. 郝大江，王培．"冰上丝绸之路"下我国商贸流通产业发展研究[J]．北方经贸，2019(02)：5-6.

4. 卢昊．日本对北冰洋的战略关注及行动[J]．日本问题研究，2019，33(01)：10-19.

5. 许涛，郭俊广，邱建华．亚马尔项目提前建成投产 "一带一路"国家油气合作加速推进[J]．国际石油经济，2019，27(01)：25-26.

6. 邢攸姿，奉定平，杨龙，孙晓萍．北极航路地理信息服务框架初探［J］．航海，2019（01）：60-63.

7. 王鹏．俄罗斯"重返北极"强化军事存在［N］．中国青年报，2019-01-24（011）.

8. 王嘉兴．北极的冰快化完了［J］．新湘评论，2019（02）：59-61.

9. 谢晓光，程新波．俄罗斯北极政策调整背景下的"冰上丝绸之路"建设［J］．辽宁大学学报（哲学社会科学版），2019，47（01）：184-192.

10. 李振福．"冰上丝绸之路"再思考［J］．中国船检，2019（01）：50-53.

11. 路婷羽，戴梦妍．"一带一路"背景下北极航线商业化应用前景分析［J］．中国水运（下半月），2019（01）：30-32.

12. 马尧．俄罗斯北极政策发展趋势［N］．中国海洋报，2019-01-14（002）.

13. 徐庆超．中国对北极投资的制约因素与推进路径［J］．新视野，2019（01）：70-75.

14. 黄惠康．国际海洋法前沿值得关注的十人问题［J］．边界与海洋研究，2019，4（01）：5-24.

15. 袁雪，张义松．北极环境保护治理体系的软法局限及其克服——以《北极环境保护战略》和北极理事会为例[J].边界与海洋研究,2019,4(01):67-81.

16. 俄亚马尔 LNG 项目第三条生产线投产 将向中国供气[J].乙醛醋酸化工,2019(01):42.

17. 孙凯.公共外交视角下的日韩北极事务[N].中国海洋报,2018-12-27(002).

18. 高健,邓超凤,付健,徐鸿志,郝金凤,强兆新,石俊令.北极东北航线油船运输经济性分析[J].中国航海,2018,41(04):127-130.

19. 王钟强.奇卡洛夫:挑战北极航线的英雄试飞员[J].大飞机,2018(12):71-75.

20. 泉琳.鸟类痛失北极"安全屋"[J].科学新闻,2018(12):50-52.

21. 刘同超,李振福,陈卓.基于后悔理论的北极航线安全评价[J].安全与环境学报,2018,18(06):2069-2074.

22. 加拿大北极群岛里的女性浮冰壁画[J].工业设计,2018(12):25.

23. 刘新霞."冰上丝绸之路"对我国贸易的契机及挑战[J].产业创新研究,2018(12):28+48.

24. 潘常虹，孙冬石. 中俄共建"北极蓝色经济通道"的路径和策略 [J]. 东北亚经济研究，2018，2(06)：109-118.

25. 秦洪军，郭浩，赵向智. 北极航道开通背景下中国与北极国家 的贸易发展研究[J]. 东北亚经济研究，2018，2(06)：93-108.

26. 赵隆. 中俄北极可持续发展合作：挑战与路径(英文)[J]. China International Studies，2018(06)：115-132+3.

27. 李铁. 发挥东北区域优势加快推进"冰上丝绸之路"建设[J]. 太平洋学报，2018，26(12)：94-98.

28. 罗玮. 南极研究科学委员会暨国际北极科学委员会联合大会 (极地2018科学会议)[J]. 极地研究，2018，30(04)：450-452.

29. 2030年北极航线或可实现全年通航[J]. 珠江水运，2018 (23)：1.

30. 熊琛然，王礼茂，梁茂林. "冰上丝绸之路"建设与中国的地缘 战略意义[J]. 学术探索，2018(12)：26-32.

31. 肖洋. 俄罗斯参建"冰上丝绸之路"的战略动因与愿景展望[J]. 和平与发展，2018(06)：107-119+134-135.

32. 张耀. 中俄"冰上丝绸之路"合作的发展与前景辨析[J]. 山东 工商学院学报，2018，32(06)：100-107+124.

33. 梁昊光. 北极航道的"新平衡"：战略与对策[J]. 人民论坛·

学术前沿，2018(22)：92-97.

34. 游洪南，胡英．洛佩兹的《北极梦》：极地风貌与土地感知［J］. 大众文艺，2018(23)：23-25.

35. 李振福，丁超君．中俄共建北方海航道研究［J］. 俄罗斯学刊，2018，8(06)：65-86.

36. 李志新．北极地区军事化愈演愈烈［N］. 中国青年报，2018-12-06(011).

37. Б. А. 赫伊费茨，高晓慧．俄罗斯与"北极丝绸之路"［J］. 欧亚经济，2018(06)：1-12+125.

38. 胡波．俄北极新规抢战略先手［N］. 环球时报，2018-12-05(014).

39. 春水．冰与火之歌——俄罗斯和西方国家加强北极军事部署［J］. 军事文摘，2018(23)：21-24.

40. 张瑷敏．俄罗斯靠什么"称霸"北极［J］. 军事文摘，2018(23)：25-28.

41. 蓝海星，王国亮，魏博宇．国外北极地区装备技术发展动向［J］. 军事文摘，2018(23)：29-31.

42. 夏立平，马艳红．"冰上丝绸之路"："一带一路"走向北极［J］. 世界知识，2018(23)：51-53.

43. 薛桂芳."冰上丝绸之路"新战略及其实施路径[J].人民论坛·学术前沿,2018(21):62-67.

44. 卢纳熙,卢山冰.中国的北极政策和与北极国家合作基础研究[J].新西部,2018(32):79-80.

45. 张亨文.极地运行的风险分析与实践[J].民航管理,2018(11):28-32.

46. 杨显滨.论我国参与北极航道治理的国际法路径[J].法学杂志,2018,39(11):71-81.

47. 周红."打造'冰上丝绸之路'"原创试题设计[J].地理教学,2018(22):57-58.

48. 李振福,陈卓,陈雪,陈霄.北极航线开发与"冰上丝绸之路"建设:一个文献综述[J].中国海洋大学学报(社会科学版),2018(06):7-18.

49. 孙凯,马艳红."冰上丝绸之路"背景下的中俄北极能源合作——以亚马尔 LNG 项目为例[J].中国海洋大学学报(社会科学版),2018(06):1-6.

50. 于砚.东北地区在"冰上丝绸之路"建设中的优势及定位[J].经济纵横,2018(11):117-122.

51. 边海.第四届边界与海洋研究国际论坛综述[J].边界与海洋研究,2018,3(06):111-122.

52. 齐贺. 北极航道开发背景下的中俄合作分析[J]. 商业经济，2018(11)：94-96+113.

53. 刘同超，李振福. 北极航线私物化倾向与北极航线区域安全治理[J]. 国际观察，2018(06)：103-118.

54.《普罗米修斯》带你走进极寒之地冰岛[J]. 党员文摘，2018(11)：58.

55. 徐广淼. 浅论二战时期苏联的北极战场[J]. 史学集刊，2018(06)：21-30.

56. 叶艳华. 东亚国家参与北极事务的路径与国际合作研究[J]. 东北亚论坛，2018，27(06)：92-104+126.

57. 苏平，项仁波. 中国科技外交的北极实践[J]. 国家行政学院学报，2018(05)：177-181+193.

58. 冯寿波. 中国的北极政策与北极生态环境共同体的构建——以北极环境国际法治为视角[J]. 阅江学刊，2018，10(05)：96-108+146.

59. 德国极地试种蔬菜获得成功[J]. 今日科苑，2018(10)：3.

60. 安宁. 改革开放四十年来中国与北欧国家的经贸关系[J]. 国际贸易，2018(10)：22-28.

61. 李长久. 白令海峡：沟通北冰洋和太平洋的航道[N]. 经济参考报，2018-10-19(003).

62. 李振福，彭琰."冰上丝绸之路"与大北极网络：作用、演化及中国策略[J].东北亚经济研究，2018，2(05)：5-20.

63. 张颖，王裕选."冰上丝绸之路"背景下大连建设东北亚航运中心分析及对策[J].大连海事大学学报(社会科学版)，2018，17(05)：39-45.

64. 杨松霖.中美北极科技合作：重要意义与推进理路——基于"人类命运共同体"理念的分析[J].大连海事大学学报(社会科学版)，2018，17(05)：91-98.

65. 李奇，任万霞."北冰洋"复出始末[J].北京观察，2018(10)：73-75.

66. 旭莲.北极航道：渐行渐热的海上新航路[J].航海，2018(05)：7-8.

67. 朱宝林，刘胜湘.协同治理视阈下的北极治理模式创新——论中国的政策选择[J].理论与改革，2018(05)：38-47.

68. 王沛."冰上丝绸之路"沿线国家贸易争端的解决机制研究[J].商业经济，2018(10)：72-73+92.

69. 卜庆滨，张戴晖，于家根.我国北极航线深入发展的主要问题及对策研究[J].中国水运(下半月)，2018，18(09)：25-26.

70. 朱宝林.北极治理研究文献述评[J].湖北经济学院学报，2018，16(05)：95-103.

71. 白佳玉. 北极多元治理下政府间国际组织的作用与中国参与 [J]. 社会科学辑刊, 2018(05): 120-127.

72. 葛勇平. "人类共同遗产"原则与北极治理的法律路径[J]. 社会科学辑刊, 2018(05): 128-133.

73. 孙立伟. 中芬合作打造"北极丝路"核心[N]. 国际商报, 2018-09-11(002).

74. 杨惠根, 李文祺. 中国进出地球两极的门户[J]. 档案春秋, 2018(09): 4-9.

75. 王晨光. 中国"北极伙伴关系": 现实考量与建设构想[J]. 中国海洋大学学报(社会科学版), 2018(05): 12-20.

76. 郭培清, 邹琪. 中美在南海-北极立场的对比研究[J]. 中国海洋大学学报(社会科学版), 2018(05): 1-11.

77. 杨振姣, 郑泽飞. 命运共同体背景下北极海洋生态安全治理存在的问题及对策研究[J]. 中国海洋大学学报(社会科学版), 2018(05): 21-27.

78. 林倩倩, 朱国平. 北极阿拉斯加水域鱼类生态特征及其重要性评价[J/OL]. 水产学报: 1-17 [2019-03-06]. http://kns.cnki.net/kcms/detail/31.1283.S.20180904.0828.004.html.

79. 李岩. 实测"北极如夏"[N]. 北京科技报, 2018-09-03(024).

80. 刘辛味．北极确实在"升温"[N]．北京科技报，2018-09-03(026)．

81. 赵天宇．假如北极没了冰⋯⋯[N]．北京科技报，2018-09-03 (030)．

82. 徐立特．新时代中国海军外交中的战略文化——以海洋公域活动为例[J]．郑州航空工业管理学院学报（社会科学版），2018，37 (04)：36-45．

83. 谢曾红．日本北极战略对我国北极战略的借鉴[J]．法制博览，2018(24)：218．

84. 夏立平，谢茜．北极区域合作机制与"冰上丝绸之路"[J]．同济大学学报（社会科学版），2018，29(04)：48-59+124．

85. 胡丽玲．冰上丝绸之路视域下中俄北极油气资源开发合作[J]．西伯利亚研究，2018，45(04)：28-32．

86. 李鑫杨，刘庆生，刘高焕，黄翀，李贺，付东杰，梁立，陈卓然．斯堪的纳维亚半岛及周边地区城镇发展适宜性评价[J]．地球信息科学学报，2018，20(08)：1083-1093．

87. 陈建芳，金海燕，白有成，庄燕培，李宏亮，李杨杰，任健．北极快速变化的生态环境响应[J]．海洋学报，2018，40(10)：22-31．

88. 中国对北极环境与资源科学考察研究的新进展[J]．太平洋学报，2018，26(08)：101．

89. 陈思静. 北极能源共同开发：现状、特点与中国的参与[J]. 资源开发与市场，2018, 34(08)：1099-1104.

90. 田野. "冰上丝绸之路"从亚马尔起航[J]. 中国石油企业，2018(08)：27-32+2.

91. 刘雷，李树兵. "冰上丝绸之路"航海保障能力建设现状与愿景[J]. 中国海事，2018(08)：40-42.

92. 王琳祥. 建构"冰上丝绸之路"的推进理路[J]. 江南论坛，2018(08)：16-18.

93. 郭培清，宋晗. "新北方政策"下的韩俄远东-北极合作及对中国启示[J]. 太平洋学报，2018, 26(08)：1-12.

94. 李振福，孙悦，韦博文. "冰上丝绸之路"——北极航线船舶航行安全的跟驰模型[J]. 大连海事大学学报，2018, 44(03)：22-27.

95. 张木进，王晨光. 中国建设"冰上丝绸之路"的战略选择——基于"态势分析法"(SWOT)的分析[J]. 和平与发展，2018(04)：111-125+130.

96. 罗猛，董琳. 北极资源开发争端解决机制的构建路径——以共同开发为视角[J]. 学习与探索，2018(08)：97-103.

97. 文星. 来自北极的首船天然气运抵中国——中远海运助力能源革命[J]. 中国远洋海运，2018(08)：10.

98. 李兴."冰上丝绸之路"与"一带一盟":"一带一路"合作的新亮点[J].贵州省党校学报,2018(04):78-83.

99. 马得懿.北极航道法律秩序的海洋叙事[J].社会科学战线,2018(08):198-206+2.

100. 陆忠伟."北气南运"推进"冰上丝路"建设[N].文汇报,2018-07-28(003).

101 刘加钊,张晓.极地水域航行船舶培训即将强制进行[J].航海技术,2018(04):89-92.

102. 贾海玲.北极航道环境保护问题的法律研究[J].法制与社会,2018(21):208-209.

103. 北极天然气来了:中国首船亚马尔 LNG 运抵国内[J].中国石油企业,2018(07):8.

104. 潘敏,王梅.格陵兰自治政府的矿产资源开发与中国参与研究[J].太平洋学报,2018,26(07):88-98.

105. 邓贝西.中国首航北极西北航道的规则实践及其开发利用前景[J].太平洋学报,2018,26(07):14-24.

106. 刘惠荣.海洋战略新疆域的法治思考[J].亚太安全与海洋研究,2018(04):16-18.

107. 刘凯欣.北极国际法律制度研究[J].法制博览,2018(20):

68-70.

108. 韩佳霖，姜斌．北极治理视角下的对北极水域营运的船舶实施重油禁令的探讨[J]．中国海事，2018(07)：56-58.

109. 赵隆．中俄北极可持续发展合作：挑战与路径[J]．国际问题研究，2018(04)：49-67+128.

110. 费帆．探析中俄共建"冰上丝绸之路"的现实需要与实现路径——基于建构主义国际关系理论[J]．理论月刊，2018（07）：177-182.

111. 白佳玉，王琳祥．北极理事会科学合作新规则的法律解析[J]．中国海洋大学学报(社会科学版)，2018(04)：42-49.

112. 唐荣，李萍，刘杰，李培英，冯秀丽．极地旅游发展研究[J]．海洋开发与管理，2018，35(06)：26-29.

113. 刘芳明，刘大海，连晨超．北极海岸警卫论坛机制和"冰上丝绸之路"的安全合作[J]．海洋开发与管理，2018，35(06)：49-55.

114. 邵子桐，王梦森，张义松．"人类命运共同体"下的北极水域环境软法治理[J]．法制博览，2018(19)：37-38.

115. 朱陆民，张甲英．"冰上丝绸之路"倡议可行性及对中俄关系的影响[J]．学理论，2018(07)：65-67.

116. 王晨光．路径依赖、关键节点与北极理事会的制度变迁——

基于历史制度主义的分析[J].外交评论(外交学院学报),2018,35(04):54-80.

117.章成.国际法视阈下的北极地区200海里外大陆架划界问题介评[J].河北法学,2018,36(08):64-74.

118.木淼."冰上丝绸之路"奏响"一带一路"新乐章[J].中国远洋海运,2018(07):44-47.

119.《学术前沿》编者.新时代的"冰上丝绸之路"[J].人民论坛·学术前沿,2018(11):4-5.

120.夏立平.新时代"冰上丝绸之路"的发展布局研究[J].人民论坛·学术前沿,2018(11):24-34.

121.陆钢."冰上丝绸之路"的商用价值及其技术支撑[J].人民论坛·学术前沿,2018(11):35-39.

122.李振福."冰上丝绸之路"与北极航线开发[J].人民论坛·学术前沿,2018(11):60-69.

123.郭培清.挪威斯瓦尔巴机场降级事件探讨[J].人民论坛·学术前沿,2018(11):40-49.

124.程晓.新时代"冰上丝绸之路"战略与可持续发展[J].人民论坛·学术前沿,2018(11):6-12.

125.杨剑.共建"冰上丝绸之路"的国际环境及应对[J].人民论

坛·学术前沿，2018（11）：13-23.

126. 姜巍．环北极国家基础设施投资机遇与中国策略［J］．人民论坛·学术前沿，2018（11）：50-59.

127. 陈瑜．南极、北极、青藏高原：遥不可及却密切相关［N］．科技日报，2018-06-28（005）.

128. 郭培清．美俄在白令海峡的较量与合作［J］．东北亚论坛，2018，27（04）：67-79+128.

129. 尹铮．加拿大北极主权博弈及其对中国的启示［D］．广东外语外贸大学，2018.

130. 刘晔．从北极航道到"冰上丝绸之路"［J］．港工技术，2018，55（S1）：118-122+161.

131. 冯寿波．中国北极正当权益应受尊重［J］．检察风云，2018（12）：28-29.

132. 沈权．极地科考历险记［J］．中国船检，2018（06）：64-66.

133. 肖洋．格陵兰：丹麦北极战略转型中的锚点？［J］．太平洋学报，2018，26（06）：78-86.

134. 汪乾．北冰洋海冰范围缩减与俄罗斯海权消长［J］．俄罗斯学刊，2018，8（03）：137-152.

135. 杨洋．浅析冰岛的北极政策［D］．外交学院，2018.

136. 卢纳熙，卢山冰．共建北极航道：开发"冰上丝绸之路"［J］．西部大开发，2018（06）：71-73.

137. 北极熊的"獠牙利齿"［J］．军事文摘，2018（11）：17.

138. 刘云．中俄天然气综合体项目的三大亮点与借鉴［J］．产权导刊，2018（06）：12-15.

139. 陈孟磊．亚马尔：中俄北极圈的握手［J］．中国石油石化，2018（11）：50-51.

140. 武雪婧．北极题材纪录片叙事及其演化研究［D］．塔里木大学，2018.

141. 中国的北极政策［A］．中国海洋法学评论（2018 年卷第 1 期 总第 27 期）［C］．厦门大学海洋法与中国东南海疆研究中心，2018：9.

142. 蒋涛．北极航道的法律地位与开发利用的权利义务［J］．海大法律评论，2017（00）：450-471.

143. 张超．北冰洋矿产资源开发中生态环境保护法律制度的完善［D］．山东大学，2018.

144. 张康．美俄在北极问题上能够合作的原因分析［J］．管理观察，2018（14）：88-89.

145. 白佳玉，隋佳欣．论北冰洋海区海洋划界形势与进展［J］．上海交通大学学报（哲学社会科学版），2018，26（06）：31-44.

146. 褚章正．论中国参与北极环境治理的国际话语权构建［J］．江汉论坛，2018（05）：45-49.

147. 陈明义．北极航道的开通和利用［J］．海峡科学，2018（05）：3-4.

148. 李振福，刘硕松．东北地区对接"冰上丝绸之路"研究［J］．经济纵横，2018（05）：61-67.

149. 师成．新形势下深化中俄产能合作：进展、问题与对策［J］．经济视角，2018（03）：102-108.

150. 赵汉城（Hanseong Jo）．美国布什政府的北极政策［D］．南京大学，2018.

151. 李振福，梁爱梅，徐梦俏．我国北极社会科学研究的作者网络［J］．世界地理研究，2018，27（03）：30-41.

152. 成昆凤．北冰洋划界信息系统的研究与应用［D］．武汉大学，2018.

153. 张婷婷．普京政府的北极战略研究［D］．吉林大学，2018.

154. 杨蕾．北极公海渔业管理制度研究［D］．武汉大学，2018.

155. Gurbanova Natalia. 俄罗斯北极油气资源开发及其对俄经济增长的影响［D］. 吉林大学，2018.

156. 崔白露，王义桅. "一带一路"框架下的北极国际合作：逻辑与模式［J］. 同济大学学报(社会科学版)，2018，29(02)：48-58+102.

157. 刘欢. 中俄北极合作研究［J］. 西伯利亚研究，2018，45(02)：38-41+49.

158. 梅冠群. 俄罗斯对"一带一路"的态度、原因与中俄战略对接［J］. 西伯利亚研究，2018，45(02)：29-37.

159. 章成. 北极地区200海里外大陆架划界形势及其法律问题［J］. 上海交通大学学报(哲学社会科学版)，2018，26(06)：45-55.

160. 赵宁宁. 中国北极治理话语权：现实挑战与提升路径［J］. 社会主义研究，2018(02)：133-140.

161. 汪巍. 中国与俄罗斯共同打造"冰上丝绸之路"的背景与前程［J］. 经济师，2018(04)：86-87.

162. 杨海霞，张侠. 经略北极：尽早行动——专访中国极地研究中心极地战略研究室主任张侠［J］. 中国投资，2018(07)：20-27.

163. 赵隆. 共建"冰上丝绸之路"的背景、制约因素与可行路径［J］. 俄罗斯东欧中亚研究，2018(02)：106-120+158.

164. 窦博. 冰上丝绸之路与中俄共建北极蓝色经济通道［J］. 东北

亚经济研究，2018，2（01）：5-14.

165. 黄彦珏．北极水域环境保护法律问题研究［D］．哈尔滨工程大学，2018.

166. 董琳．北极资源开发法律治理体系研究［D］．哈尔滨工程大学，2018.

167. 曾慧．中俄在北极地区的能源合作现状研究［D］．兰州大学，2018.

168. 吴大辉．"冰上丝绸之路"："一带一路"的新延伸［J］．人民论坛，2018（09）：48-49.

169. 张佳南．中国北极话语权构建研究［D］．山东大学，2018.

170. 李振福，李婉莹．北极政治腹地的政治格局演化研究［J］．通化师范学院学报，2018，39（03）：41-49.

171. 丁煌，云宇龙．责任嵌入：中国参与北极安全治理的路径选择［J］．湘潭大学学报（哲学社会科学版），2018，42（02）：13-19.

172. 杨剑.《中国的北极政策》解读［J］．太平洋学报，2018，26（03）：1-11.

173. 李振福．如何准确理解中国的北极政策［J］．中国船检，2018（03）：37-39.

174. 杨鲁慧，赵一衡."一带一路"背景下共建"冰上丝绸之路"的战略意义[J]. 理论视野，2018(03)：75-80.

175. 张光新，张晶. 地缘政治视阈下日本的北极战略[J]. 东北亚学刊，2018(02)：26-30+54.

176. 袁雪，童凯. 俄挪巴伦支海争端协议解决模式分析及其启示[J]. 国际法研究，2018(02)：115-128.

177. 刘馨蔚. 品质为上、安全筑基、技术引航、情怀助力——专访加拿大北极食品集团董事长王恒宝[J]. 中国对外贸易，2018(03)：39-41.

178. 汪巍. 中俄共建"冰上丝绸之路"[J]. 国际工程与劳务，2018(03)：48-50.

179. 徐广淼. 将北方海航道纳入"一带一路"建设的前景分析[J]. 边界与海洋研究，2018，3(02)：83-95.

180. 张婷婷，陈晓晨. 中俄共建"冰上丝绸之路"支点港口研究[J]. 当代世界，2018(03)：60-65.

181. Deng Zheyuan.《斯瓦尔巴条约》[J]. 中国投资，2018(05)：74-75.

182. 史义江. 北极东北航线沿线中转港选取及布局研究[D]. 大连海事大学，2018.

183. 陆如泉．亚马尔 LNG 项目战略意义重大[J]．新能源经贸观察，2018(Z1)：36-37．

184. 国务院新闻办发表《中国的北极政策》白皮书[J]．珠江水运，2018(03)：40．

185. 弗·费·别切利察，赵印．俄罗斯北极战略的特点及其影响[J]．边疆经济与文化，2018(02)：19-21．

186. 郭力．论中俄共建"冰上丝绸之路"的论证[J]．边疆经济与文化，2018(02)：15-18．

187. 王欢．"冰上丝绸之路"发展优势及前景分析[J]．边疆经济与文化，2018(02)：22-23．

188. 陈思旭．中俄共建"冰上丝绸之路"的可行性分析[J]．边疆经济与文化，2018(02)：24-25．

189. 孙凯．从愿景到行动：推进"冰上丝绸之路"建设正当其时[N]．中国社会科学报，2018-02-08(005)．

190. 马龙，王加跃，刘星河，李振华．北极东北航道通航窗口研究[J]．海洋预报，2018，35(01)：52-59．

191. 张杰．为北极治理贡献中国方案[N]．中国社会科学报，2018-02-02(001)．

191. 李振福．《中国的北极政策》白皮书：有明确国际法依据和现实基础[J]．中国远洋海运，2018(02)：76-78.

193．邱小平．北极迈向新时代[J]．派出所工作，2018(02)：18-19.

194．潘敏，郑宇智．原住民与北极治理：以北极理事会为中心的考察[J]．复旦国际关系评论，2017(02)：121-140.

195．王志民，陈远航．中俄打造"冰上丝绸之路"的机遇与挑战[J]．东北亚论坛，2018，27(02)：17-33+127.

196．杨松霖．特朗普政府的北极政策[J]．国际研究参考，2018(01)：1-9.

197．张军社．中国是北极和平与发展的积极贡献者[N]．解放军报，2018-01-30(004).

198．白洁．"中国是北极事务的积极参与者、建设者和贡献者"[N]．人民日报，2018-01-27(004).

199．中华人民共和国国务院新闻办公室．中国的北极政策[N]．人民日报，2018-01-27(011).

200．张恒会．聚焦"冰上丝绸之路"[J]．地理教育，2018(01)：60.

201．徐承旭．北冰洋地区禁渔至少 16 年[J]．水产科技情报，2018，45(01)：55.

202．刘琪．北极大学：一个新型跨境大学联盟的案例分析[J]．外国教育研究，2018，45（01）：42-54.

203．李娟，周正．中俄北极"冰上丝绸之路"合作开发利用与我国东北冰雪产业振兴研究［J］．知与行，2018（01）：112-115.

204．王淑玲，姜重昕，金玺．北极的战略意义及油气资源开发［J］．中国矿业，2018，27（01）：20-26+39.

205．杨松霖．特朗普政府的北极政策：内外环境与发展走向［J］．亚太安全与海洋研究，2018（01）：88-101+126-127.

206．赵隆．经北冰洋连接欧洲的蓝色经济通道对接俄罗斯北方航道复兴——从认同到趋同的路径研究［J］．太平洋学报，2018，26（01）：82-91.

207．高世龙，刘加钊，张晓．冰上丝绸之路背景下商船北极航行的经济性评析［J］．对外经贸实务，2018（01）：26-29.

208．杜贵蓉．北极航道石油污染预防法律规制［J］．法制与经济，2018（01）：20-23.

209．匡增军，欧开飞．北极：金砖国家合作治理新疆域［J］．广西大学学报（哲学社会科学版），2018，40（01）：80-86.

210．章成．北极外大陆架划界进程中的大陆架界限委员会：现状检讨与完善路径［J］．广西大学学报（哲学社会科学版），2018，40（01）：87-97.

211. 斯捷潘诺夫·伊利亚，王晓波．冰上丝绸之路：中俄启动北极合作[J]．中国投资，2018(01)：26-29.

212. 严平．由爱斯基摩人捕狼说起[J]．政工学刊，2018(01)：80-81.

213. 阮建平，王哲．北极治理体系：问题与改革探析——基于"利益攸关者"理念的视角[J]．河北学刊，2018，38(01)：160-167.

214. 郑雷．"一带一路"视野下北极西北航道的航行自由问题[J]．中国远洋海运，2018(01)：80-82.

215. 丛双．考虑北极融冰的集装箱航运网络货流分配研究[D]．大连海事大学，2018.

216. 潘俊男．北极航线对环北极国家的空间经济效应研究[D]．大连海事大学，2018.

217. 汪杨骏，张韧，王哲，朱颖倩．气候变化背景下北极航线综合评估模型研究[J]．海洋开发与管理，2017，34(12)：118-124.

218. 郑建丽．极地规则综述以及对我国渔船发展的挑战[A]．农业部渔业船舶检验局．中国渔船检验60周年论文集[C]．农业部渔业船舶检验局：大连海洋大学航海与船舶工程学院，2017：8.

219. 王诺，闫冰，吴迪，吴暖．北极通航背景下中欧海运航线的时空格局[J]．经济地理，2017，37(12)：9-16.

220. 张箭. 俄罗斯开发北冰洋历史略论[J]. 西伯利亚研究, 2017, 44(06): 61-69.

221. 黄鸣, 元志英.《北极梦》解读[J]. 洛阳师范学院学报, 2017, 36(12): 30-32.

222. 陆忠伟. "冰上丝路"离现实越来越近[N]. 文汇报, 2017-12-23(005).

223. 李斌. 考虑北极航线的航运网络枢纽选址问题研究[D]. 大连海事大学, 2018.

224. 季伏枥. "北极熊"的利爪——俄罗斯防空武器一瞥[J]. 坦克装甲车辆, 2017(24): 48-52.

225. 肖洋. "冰上丝绸之路"的战略支点——格陵兰"独立化"及其地缘价值[J]. 和平与发展, 2017(06): 108-123+129.

226. 王阳. 加拿大北极群岛水域历史性权利主张评析[J]. 太平洋学报, 2017, 25(12): 76-86.

227. 沈婷婷. 以独特视角深入分析和认识俄罗斯——《北极政治、海洋法与俄罗斯的国家身份: 巴伦支海划界协议在俄罗斯的争议》书评[J]. 海洋开发与管理, 2017, 34(12): 55.

228. 刘乃忠. 日本北极战略及中国借鉴[J]. 南海法学, 2017, 1(06): 102-107.

229. 潘子琪. 值得关注的北极航道[J]. 求知, 2017(12): 49-51.

230. 俄罗斯北极虾进口量连续三年暴跌[J]. 水产养殖, 2017, 38(12): 52.

231. 董利民. 北极理事会改革困境及领域化治理方案[A].. 中国海洋法学评论(2017年卷第2期 总第26期)[C].: 厦门大学海洋法与中国东南海疆研究中心, 2017: 35.

232. 阮建平. 国际政治经济学视角下的"冰上丝绸之路"倡议[J]. 海洋开发与管理, 2017, 34(11): 3-9.

233. 赵宇. 北极西北航道的国际法律地位分析[J]. 兰州大学学报(社会科学版), 2017, 45(06): 185-192.

234. 庞小平, 刘清全, 季青, 赵羲. 北极航道适航性研究现状与展望[J]. 地理空间信息, 2017, 15(11): 1-5+9.

235. 赵庆爱. 中国商船北极之旅的意义与思考[J]. 中国海事, 2017(11): 28-31.

236. 温可馨. 北极环境变暖关注度分析[J]. 海峡科技与产业, 2017(11): 64-68+75.

237. 程保志. 欧盟北极政策实践及其对中国的启示[J]. 湖北警官学院学报, 2017, 30(06): 87-92.

238. 白佳玉. 中国参与北极事务的国际法战略[J]. 政法论坛,

2017，35（06）：142-153.

239. 唐尧，夏立平 . 中国参与北极油气资源治理与开发的国际法依据［J］. 国际展望，2017，9（06）：131-149+154.

240. 陈爽 . 气候变化对北极渔业的影响［A］. 中国水产学会 .2017年中国水产学会学术年会论文摘要集［C］. 中国水产学会：中国水产学会，2017：1.

241. CFP. 冰上丝绸之路成就亚马尔项目［J］. 中国石油和化工，2017（11）：50-51.

242. 王兰 . 曾经失落的北冰洋老品牌如何实现升级［J］. 中国工业评论，2017（11）：80-84.

243. 挪威：时隔三年，多春鱼要杀回来了！ 迄今北极鳕鱼销售额近 5 亿［J］. 水产养殖，2017，38（11）：12.

244. 刘诗平 ."冰上丝路"与"钢铁丝路"奏响"一带一路"交响新乐章［J］. 中国远洋海运，2017（11）：40-42+9.

245. 杨振姣，郭纪斐，姚佳 . 北极海洋生态安全对中国"一带一路"倡议的影响及应对［J］. 中国海洋经济，2017（02）：165-178.

246. 徐广淼 . 十月革命前俄国北方海航道开发历史探析［J］. 俄罗斯研究，2017（05）：58-86.

247. 陈君 . 俄罗斯北极运输基础设施建设与中俄北极合作［J］. 牡

丹江师范学院学报(哲学社会科学版)，2017(05)：16-21.

248. 刘丹. 加拿大国防政策新变化及其前景分析[J]. 现代国际关系，2017(10)：34-40.

249. 王阳. 美加北极活动主要国内立法评析——兼论对中国北极活动立法的启示[J]. 南海法学，2017，1(05)：81-91.

250. 我国完成首次环北冰洋考察助建"冰上丝绸之路"[J]. 科技传播，2017，9(19)：9.

251. 雷前治. 斯瓦尔巴群岛的北极熊[J]. 中国建材，2017(10)：150-152.

252. 阮建平. 北极治理变革与中国的参与选择——基于"利益攸关者"理念的思考[J]. 人民论坛·学术前沿，2017(19)：52-61.

253. 方琼玟. 挪威北极鳕鱼年出口中国同比增长 23%[J]. 海洋与渔业，2017(10)：19.

254. 时宏远. 试析印度的北极政策[J]. 南亚研究季刊，2017(03)：43-51+5.

255. 李振福. 世界的大脑：北极地缘政治地位的新定位[J]. 通化师范学院学报，2017，38(09)：63-70.

256. 李诗悦，张艺鸣，李振福. 大北极框架下的北极地区多边治理机制研究[J]. 通化师范学院学报，2017，38(09)：71-76.

257. 吴雷钊，水潇．北极格陵兰岛矿产及油气资源勘查开发现状以及中国参与的相关建议[J]．国土资源情报，2017(09)：51-56.

258. 丁煌，马皓．"一带一路"背景下北极环境安全的国际合作研究[J]．理论与改革，2017(05)：83-93.

259. 苏朋．俄罗斯当代北极政策的实质与中国的对策[J]．江淮论坛，2017(05)：82-88.

260. 章成．中国海外安全利益视角下的北极区域治理法律问题[J]．云南民族大学学报(哲学社会科学版)，2017，34(05)：138-145.

261. 徐庆超．北极全球治理与中国外交：相关研究综述[J]．国外社会科学，2017(05)：4-16.

262. 闫鑫淇．美国阿拉斯加州参与北极治理分析[J]．领导科学论坛，2017(17)：77-86.

263. 杨松霖．美国北极气候政策：历史演变与发展启示[J]．领导科学论坛，2017(17)：87-95.

264. 云宇龙．国际社会理论视角下的北极安全治理与中国参与[J]．领导科学论坛，2017(17)：66-76.

265. 郑晖．北极的国际治理与中国参与[D]．南京师范大学，2017.

266. 罗猛．北极资源开发争端解决机制的构建路径：共同开发的视角[A]．中国法学会环境资源法学研究会、河北大学．区域环境资源综合整治和合作治理法律问题研究——2017 年全国环境资源法学研讨会（年会）论文集［C］.中国法学会环境资源法学研究会、河北大学：中国法学会环境资源法学研究会，2017：7.

267. 郭培清，王俊杰.格陵兰独立问题的地缘政治影响［J］.现代国际关系，2017(08)：58-64.

268. 邹磊磊，付玉.北极原住民的权益诉求——气候变化下北极原住民的应对与抗争［J］.世界民族，2017(04)：103-110.

269. 刘诗平.“冰上丝绸之路”越走越宽广［J］.中国远洋海运，2017(08)：2.

270. 唐尧，夏立平.中国参与北极航运治理的国际法依据研究［J］.太平洋学报，2017，25(08)：51-61.

271. 特朗普取消北极钻探禁令［J］.中外能源，2017，22(08)：101.

272.. 俄罗斯北极天然气项目得到欧洲的支持［J］.中外能源，2017，22(08)：102.

273. 中国海油亚马尔项目收官［J］.中国石油企业，2017(08)：8.

274. 曾洁.北极航线开辟对世界航运格局的影响［J］.珠江水运，2017(15)：54-55.

275. 李振福.中俄破冰之旅：北极丝绸之路悄然开启［J］.中国船检，2017(08)：21-23.

276. 孙凯，吴昊．美国海岸警卫队与美国北极安全利益维护［J］．美国究，2017，31（04）：123-135+8.

277. 陈敬根．北极航道"特殊条约规制型海峡模式"的治理与构建［J］．政法论丛，2017（04）：86-94.

278. 张楠，刘耀文．举措不断，美国欲打造新北极［J］．军事文摘，2017（15）：4-7.

279. 代谨思．从"冰冻地带"走向"烽火前沿"——俄罗斯战略破局新支点［J］．军事文摘，2017（15）：8-12.

280. 杨仲平．冰封的土地，炙热的博弈——加拿大给出"北极最优解"［J］．军事文摘，2017（15）：13-16.

281. 万宇，梁逸乾．北欧小国的北极独特生存之道［J］．军事文摘，2017（15）：17-20.

282. 唐小松，尹铮．加拿大北极外交政策及对中国的启示［J］．广东外语外贸大学学报，2017，28（04）：5-11.

283. 刘兴鹏．北极航线对我国"海运强国"的战略价值［J］．中国港口，2017（07）：8-11.

284. 赵庆爱．中国商船北极之旅的意义与思考［J］．中国水运，2017（07）：6-7.

285. 奚源．中国参与北极资源开发战略研究——基于渐进决策理论的视角[J].理论月刊，2017(07)：171-176.

286.于丛笑，戚文海.浅议北方海航道开发与中俄经贸合作[J].知与行，2017(06)：94-98.

287.邹磊磊，付玉.北极航道管理对北极渔业管理的启示[J].极地研究，2017，29(02)：270-278.

288.李雪平，方正，刘海燕.北极地区国家在《联合国海洋法公约》下的权利义务及其与地理不利国家之间的关系[J].极地研究，2017，29(02)：279-285.

289.董利民.中国"北极利益攸关者"身份建构——理论与实践[J].太平洋学报，2017，25(06)：65-77.

290.夏一平，胡麦秀.北极航线与传统航线航运成本的估算和比较[J].海洋经济，2017，7(03)：11-19.

291.马皓.合作治理理论视阈下的北极环境治理模式创新[J].理论月刊，2017(06)：165-170.

292.王传兴.中国的北极事务参与与北极战略制定[J].人民论坛·学术前沿，2017(11)：36-42.

293　杨剑.中国发展极地事业的战略思考[J].人民论坛·学术前沿，2017(11)：6-15.

294.李振福.大北极趋势中的泛东北亚地缘格局——影响世界政

治经济的新区域[J].人民论坛·学术前沿，2017(11)：24-35.

295. 王丹，赵媛，张浩. 北极东北航道开通对沿线国家双边贸易量的影响[J]. 大连海事大学学报，2017，43(02)：81-88.

296. 白佳玉，庄丽. 北冰洋核心区公海渔业资源共同治理问题研究[J]. 国际展望，2017，9(03)：135-152+158.

297. 李安民，赵福林. 中国北极航线的安全问题[J]. 亚太安全与海洋研究，2017(03)：29-41+125.

298. 章成. 北极海域的大陆架划界问题——法律争议与中国对策[J]. 国际展望，2017，9(03)：116-134+157-158.

299. 赵宁宁. 小国家大格局：挪威北极战略评析[J]. 世界经济与政治论坛，2017(03)：108-121.

300. 章成. 北极大陆架划界的法律与政治进程评述[J]. 国际论坛，2017，19(03)：32-38+80.

301. 郑雷. 北极西北航道：沿海国利益与航行自由[J]. 国际论坛，2017，19(03)：39-46+80.

302. 娜塔莉亚·加巴诺娃. 论俄罗斯北极油气资源开发对俄罗斯经济的积极影响[J]. 经济视角，2017(03)：101-108.

303. 齐东周. 北极航道及资源开发将进入新时代[J]. 中国远洋海运，2017(05)：60-61+9.

304. 夏一平，胡麦秀．北极航线与传统航线地理区位优势的比较分析［J］．世界地理研究，2017，26（02）：20-32.

305. 白佳玉，李玲玉．北极海域视角下公海保护区发展态势与中国因应［J］．太平洋学报，2017，25（04）：23-31.

306. 胡鞍钢，张新，张巍．开发"一带一路一道（北极航道）"建设的战略内涵与构想［J］．清华大学学报（哲学社会科学版），2017，32（03）：15-22+198.

307. 章成，顾兴斌．论中国对北极事务的参与：法律依据、现实条件和利益需求［J］．理论月刊，2017（04）：103-107.

308. 张丽娟，许文．主要国家北极研发政策对比分析［J］．全球科技经济瞭望，2017，32（03）：6-13.

309. 王晨光．对中国参与北极事务的再思考——基于一个新的分析框架［J］．亚太安全与海洋研究，2017（02）：64-74+127-128.

310. 亚力山大·科罗廖夫，李泽．体系制衡、地区对冲与中俄关系［J］．国际政治科学，2017，2（01）：100-129.

311. 张禄禄，臧晶晶．主要极地国家的极地科技体制探究——以美国、俄罗斯和澳大利亚为例［J］．极地研究，2017，29（01）：133-141.

312. 蔡梅江．近三年北极东北航道航行探索实践［J］．世界海运，2017，40（03）：15-19.

313. 李人达. 俄罗斯对北方海航线相关立法述评[J]. 地方立法研究, 2017, 2(02): 121-126.

314. 王晨光. 中国北极人文社科研究的文献计量分析——基于 CSSCI 期刊的统计数据[J]. 中国海洋大学学报(社会科学版), 2017(02): 78-84.

315. 孙凯, 张佳佳. 北极"开发时代"的企业参与及对中国的启示[J]. 中国海洋大学学报(社会科学版), 2017(02): 71-77.

316. 徐宏. 北极治理与中国的参与[J]. 边界与海洋研究, 2017, 2(02): 5-8.

317. 赵宁宁. 中国与北欧国家北极合作的动因、特点及深化路径[J]. 边界与海洋研究, 2017, 2(02): 107-115.

318. 左凤荣, 刘建. 俄罗斯海洋战略的新变化[J]. 当代世界与社会主义, 2017(01): 132-138.

319. 李振福, 苗雨, 陈晶. 北极航线经济圈贸易网络的结构洞分析[J]. 华中师范大学学报(自然科学版), 2017, 51(01): 100-107 + 114.

320. 谢东飓. 美国北极战略中北冰洋渔业治理政策探析[J]. 法制博览, 2017(05): 259.

321. 孙迁杰, 马建光. 论北极地缘政治博弈中俄罗斯的威慑战略[J]. 上海交通大学学报(哲学社会科学版), 2017, 25(01): 14-21.

322. 谈谭. 俄罗斯北极航道国内法规与《联合国海洋法公约》的分歧及化解途径[J]. 上海交通大学学报(哲学社会科学版)，2017，25(01)：22-31.

323. 万晓梦. 剖析日本北极政策的新发展[J]. 改革与开放，2017(02)：17-18.

324. 顾兴斌，曾煜. 论中国参与北极事务的国际法依据和现实利益[J]. 学术探索，2017(01)：32-39.

325. 李伟芳，黄炎. 极地水域航行规制的国际法问题[J]. 太平洋学报，2017，25(01)：75-84.

326. 潘常虹，李思霖. 北极航线在我国"一带一路"建设中的价值评价研究[J]. 物流科技，2017，40(01)：118-123.

327. 白佳玉. 北极航行特殊风险下船舶保险保证条款的适用与嬗变[J]. 当代法学，2017，31(01)：123-132.

328. 苏平，张逸凡. 中丹北极关系适用性及障碍分析[J]. 南方论刊，2017(01)：18-21.

329. 梅春才，郭培清. 额尔齐斯河——鄂毕河：亚欧整合的一种可能路径[J]. 世界知识，2017(01)：38-39+42.

330. 张屹. 中国参与极地开发与治理的前景透视[J]. 青岛科技大学学报(社会科学版)，2016，32(04)：75-78.

331. 李振福，王文雅，米季科·瓦列里·布罗尼斯拉维奇．中俄北极合作走廊建设构想［J］．东北亚论坛，2017，26（01）：53-63+128.

332. 哈格．史话北极探险［J］．海洋世界，2016（12）：54-57.

333. 卢芳华．北极科学考察法律制度探析［J］．极地研究，2016，28（04）：523-531.

334. 李振福．中俄如何开展北极航线合作［J］．中国船检，2016（12）：33-35.

335. 邓贝西，张侠．试析北极安全态势发展与安全机制构建［J］．太平洋学报，2016，24（12）：42-50.

336. 潘敏，徐理灵．中美北极合作：制度、领域和方式［J］．太平洋学报，2016，24（12）：87-94.

337. 马得懿．海洋航行自由的制度张力与北极航道秩序［J］．太平洋学报，2016，24（12）：1-11.

338. 卢芳华．制度与争议：斯瓦尔巴群岛渔业保护区权益的中国考量［J］．太平洋学报，2016，24（12）：12-20.

339. 钱宗旗．俄罗斯北极、远东开发——"北方海航道"建设与东北亚物流网络体系［J］．山东工商学院学报，2016，30（06）：27-32.

340. 李昕昕，李振福．俄罗斯北极政策的未来走向［J］．中国集体经济，2016（34）：167-168.

341. 叶艳华. 20 世纪初期俄罗斯北方水域与岛屿的科学考察研究 [J]. 知与行，2016(11)：79-83.

342. 孙凯. "美国治下"的北极治理[J]. 世界知识，2016(22)：49.

343. 中俄北极联合科考首航　我科学家将首次进入俄所属北冰洋 专属经济区考察[J]. 船舶工程，2016，38(11)：4.

344. 刘惠荣，李浩梅. 北极航行管制的法理探讨[J]. 国际问题研 究，2016(06)：90-105.

345. 郑雷. 北极航道沿海国对航行自由问题的处理与启示[J]. 国 际问题研究，2016(06)：106-121.

346. 林国龙，汤兵兵，丁一. 考虑季节性因素影响下的北极航线 与传统航线网络构建[J]. 重庆交通大学学报(自然科学版)，2017，36 (03)：108-114.

347. 冯亚茹. 北极航道通航对东北亚的战略意义[J]. 世纪桥， 2016(10)：90-92.

348. 白佳玉. 中日韩合作参与北极事务的可行性研究[J]. 东北亚 论坛，2016，25(06)：112-124+126.

349. 李振福. 中国北极航线港口分属不同层次[J]. 中国船检， 2016(10)：24-26.

350. 窦博. 东北亚丝绸之路与中国"一带一路"战略的拓展[J]. 人

民论坛，2016(29)：70-71.

351. 李振福，彭琰．北极旅游政治研究[J]．南京政治学院学报，2016，32(05)：63-70+141.

352. 孙凯，吴昊．北极安全新态势与中国北极安全利益维护[J]．南京政治学院学报，2016，32(05)：71-77.

353. 卢芳华．北极公海渔业管理制度与中国权益维护——以斯瓦尔巴的特殊性为例[J]．南京政治学院学报，2016，32(05)：78-83.

354. 李振福．中国与北极航线区域的经济合作前景[J]．中国船检，2016(09)：25-28.

355. 张乐磊．格陵兰与丹麦关系的历史演进与现实挑战[J]．南通大学学报(社会科学版)，2016，32(05)：81-86.

356. 卢静．北极治理困境与协同治理路径探析[J]．国际问题研究，2016(05)：62-76.

357. 李振福，王文雅．地缘势理论及其北极问题应用研究[J]．社会科学论坛，2016(09)：171-200.

358. 刘萍，胡麦秀．北极航道开通对我国能源供求形势的影响[J]．海洋开发与管理，2016，33(08)：80-83.

359. 肖洋．中俄共建"北极能源走廊"：战略支点与推进理路[J]．东北亚论坛，2016，25(05)：109-117+128.

360. 骆巧云，寿建敏．北极东北航道 LNG 运输经济性与前景分析 [J]．大连海事大学学报，2016，42(03)：49-55.

361. 赵宁宁．当前俄罗斯北方海航道的开发政策评析[J]．理论月刊，2016(08)：169-174+184.

362. 李振福．北极航线货流的现在和未来[J]．中国船检，2016 (07)：29-31.

363. 李振福，寿建敏．"一带一路"和北极航线背景下的"港口经济圈"建设——以宁波为例[J]．中共浙江省委党校学报，2016，32(04)：76-81.

364. 朱宝林．解读加拿大的北极战略——基于中等国家视角[J]．世界经济与政治论坛，2016(04)：141-155.

365. 丁煌，张冲．泛北极共同体的设想与中国身份的塑造——一种建构主义的解读[J]．江苏行政学院学报，2016(04)：76-83.

366. 李洪兴．加拿大加强在北极地区的军事存在[J]．现代军事，2016(07)：14.

367. 何金祥．北极八国矿产勘查与开发政策分析与对比[J]．国土资源情报，2016(05)：24-30.

368. 北极西北航道商业化运营依旧面临挑战[J]．天津航海，2016 (02)：65.

369. 赵宁宁，欧开飞．全球视野下北极地缘政治态势再透视［J］. 欧洲研究，2016，34（03）：30-43+165.

370. 孙鲁闽．北极航道现状与发展趋势及对策［J］. 海洋工程，2016，34（03）：123-132.

371. 匡增军，欧开飞．俄罗斯与挪威的海上共同开发案评析［J］. 边界与海洋研究，2016，1（01）：88-103.

372. 丁煌，张冲．中国参与北极治理的价值分析——基于新自由制度主义的视角［J］. 武汉大学学报（哲学社会科学版），2016，69（03）：23-29.

373. 王雷，张竹玲．中远海运集团启动北极航行项目［J］. 中国远洋航务，2016（05）：16+10.

374. 张佳佳，王晨光．地缘政治视角下的美俄北极关系研究［J］. 和平与发展，2016（02）：102-114+119.

375. 刘惠荣．"一带一路"战略背景下的北极航线开发利用［J］. 中国工程科学，2016，18（02）：111-118.

376. 李振福，谢宏飞．俄罗斯的泛北极权益政策实践及其对中国的启示［J］. 俄罗斯东欧中亚研究，2016（02）：98-114+157-158.

377. 李振福，王文雅，刘翠莲．北极丝绸之路战略构想与建设研究［J］. 产业经济评论，2016（02）：113-124.

378. 丁煌，朱宝林．基于"命运共同体"理念的北极治理机制创新[J]．探索与争鸣，2016(03)：94-99.

379. 邹磊磊，密晨曦．北极渔业及渔业管理之现状及展望[J]．太平洋学报，2016，24(03)：85-93.

380. 郑雷．北极东北航道：沿海国利益与航行自由[J]．国际论坛，2016，18(02)：7-12+79.

381. 孙凯，杨松霖．中美北极合作的现状、问题与进路[J]．中国海洋大学学报(社会科学版)，2016(02)：18-24.

382. 郭培清，曹圆．俄罗斯联邦北极政策的基本原则分析[J]．中国海洋大学学报(社会科学版)，2016(02)：8-17.

383. 白佳玉，李俊瑶．北极水域航行中港口国控制的适用与国家实践[J]．中国海洋大学学报(社会科学版)，2016(02)：25-32.

384. 刘惠荣，孙善浩．中国与北极：合作与共赢之路[J]．中国海洋大学学报(社会科学版)，2016(02)：1-7.

385. 李芝聪乐．英国的北极政策研究[J]．中国集体经济，2016(07)：164-165.

386. 戈佩玉．欧盟北极外交实践：利益诉求与战略规划[J]．中国集体经济，2016(06)：165-166.

387. 康泽宪．法国北极科研战略分析及对中国的启示[J]．中国集体经济，2016(06)：167-168.

388. 高峰. 世界各大国争夺的焦点——北极[J]. 中国海事，2016 (02)：76-77.

389. 王华春，郑伟. 格陵兰油气勘探开发的历史、现状与未来 [J]. 经营与管理，2016(02)：39-41.

390. 任明. 北极航区："蜀道"之险[J]. 珠江水运，2016(03)：37-39.

391. 马建文. 中国在北极航运战略中的对策研究[J]. 交通职业教育，2016(01)：52-54.

392. 蔡珏. 北极"冷战"正拉开帷幕——浅析俄罗斯重返北极的战略企图及面临的挑战[J]. 军事文摘，2016(03)：18-21.

393. 朱宝林. 中国的北极政策论析[J]. 武汉理工大学学报(社会科学版)，2016，29(01)：34-40.

394. 李振福，谢宏飞，刘翠莲. 北极权益与北极航线权益：内涵论争与中国的策略[J]. 南京政治学院学报，2016，32(01)：75-81 +141.

395. 王梦娜，张利平. 北极国家的北极战略及对中国的借鉴价值 [J]. 中国集体经济，2016(03)：163-164.

396. 唐建业. 北冰洋公海生物资源养护：沿海五国主张的法律分

析[J].太平洋学报,2016,24(01):93-101.

397.李振福.北极航运与"一带一路"战略[J].中国船检,2016(01):39-42.

398.孟珍荣.北极之争与中国应对[J].才智,2016(02):184-185.

399.李振福,吴玲玲.交通政治视角下"一带一路"及北极航线与中国的地缘政治地位[J].东疆学刊,2016,33(01):55-61+112.

400.阮建平."近北极国家"还是"北极利益攸关者"——中国参与北极的身份思考[J].国际论坛,2016,18(01):47-52+80-81.

401.王晨光.北极治理法治化与中国的身份定位[J].领导科学论坛,2016(01):76-85.

402.孙伟.中国参与东北亚-北极通道建设的战略思路——打造21世纪海上丝绸之路的第三大战略走向[J].宏观经济管理,2016(01):44-48.

403.吴莫愁.针对北极航线开发中国的发展战略[J].商,2016(01):108.

404.陈童.从战略符号到利益边界——盘点俄美北极博弈的"旧恨新仇"[J].军事文摘,2016(01):18-20.

405.肖洋.一个中欧小国的北极大外交:波兰北极战略的变与不变[J].太平洋学报,2015,23(12):63-72.

406. 郭培清，董利民．美国的北极战略[J]．美国研究，2015，29（06）：47-65+6.

407. 杨振姣，周言．中国参与北极理事会利弊分析及应对策略[J]．理论学刊，2015（12）：81-87.

408. 尹黎．北冰洋——大国战略争夺的新高地[J]．国防，2015（12）：63-64.

409. 章成．北极的区位价值与中国北极权益的维护[J]．求索，2015（11）：9-13.

410. 高岚君．北极地区的安全治理问题：内涵、困境与应对[J]．求索，2015（11）：14-17.

411. 黄德明．北极地区法律制度的框架及构建模式[J]．求索，2015（11）：4-8.

412. 白佳玉，李俊瑶．北极航行治理新规则：形成、发展与未来实践[J]．上海交通大学学报(哲学社会科学版)，2015，23（06）：14-23.

413. 李振福，刘同超．北极航线地缘安全格局演变研究[J]．国际安全研究，2015，33（06）：81-105+154-155.

414. 贺鉴，刘磊．总体国家安全观视角中的北极通道安全[J]．国际安全研究，2015，33（06）：132-150+156.

415. 章成，黄德明．中国北极权益的维护路径与策略选择[J]．华东理工大学学报(社会科学版)，2015，30(06)：73-84.

416. 李立凡. 俄罗斯战略视野下的北极航道开发[J]. 世界经济与政治论坛，2015(06)：62-73.

417. 邓贝西，张侠. 俄美北极关系视角下的北极地缘政治发展分析[J]. 太平洋学报，2015，23(11)：38-44.

418. 孙凯，武珺欢. 北极治理新态势与中国的深度参与战略[J]. 国际展望，2015，7(06)：66-79+154-155.

419. 章成. 论北极地区法律治理的框架建构与中国参与[J]. 国际展望，2015，7(06)：80-97+155-156.

420. 郭红岩. 论西北航道的通行制度[J]. 中国政法大学学报，2015(06)：83-92+160.

421. 肖洋. 俄罗斯的北极战略与中俄北极合作[J]. 当代世界，2015(11)：71-74.

422. 张慧智，汪力鼎. 北极航线的东北亚区域合作探索[J]. 东北亚论坛，2015，24(06)：67-76+126.

423. 林国龙，胡柳，翟点点. 北极航道对中国航运业的影响分析[J]. 中国海事，2015(10)：25-28.

424. 钱宗旗. 俄罗斯北极能源发展前景和中俄能源合作展望[J]. 山东工商学院学报，2015，29(05)：38-43.

425. 孙凯，潘敏. 美国政府的北极观与北极事务决策体制研究[J]. 美国研究，2015，29(05)：9-21+5.

426. 范厚明，赵琪琦，刘益迎. 中国参与北极事务之海上救助的必要性及路径研究[J]. 中国海洋大学学报(社会科学版)，2015(05)：13-17.

427. 许小青. "泛北极圈"国家治理现状及其对我国北极利益选择的影响[J]. 南阳师范学院学报，2015，14(08)：6-10+45.

428. 俄申请扩大北极大陆架：要求将120万平方公里划入俄[J]. 世界知识，2015(16)：8.

429. 赵宁宁，欧开飞. 冰岛与北极治理：战略考量及政策实践[J]. 欧洲研究，2015，33(04)：114-125+7.

430. 宋黎磊. 北极治理与中国的北极政策[J]. 国外理论动态，2015(08)：108-116.

431. 李晓川. 北极航道的商业逻辑[J]. 中国船检，2015(07)：12-15+118-119.

432. 谢正祥，江焕宝，徐立. 北极地区航运风险管理策略[J]. 中国船检，2015(07)：16-19+120.

433. 孙凯. 主导北极议程：美国的机遇与挑战[J]. 国际论坛，2015，17(04)：35-40+80.

434. 肖洋.日本的北极外交战略：参与困境与破解路径[J].国际论坛，2015，17(04)：72-78+81.

435. 唐尧.论北极地区再军事化的新动向及其特征[J].江南社会学院学报，2015，17(02)：44-49.

436. 叶艳华，刘星.俄罗斯北极地区与北方海路开发历史浅析[J].西伯利亚研究，2015，42(03)：67-70.

437. 李振福，朱静，王文雅.北极航线与丝绸之路经济带的协调发展[J].国际经济合作，2015(06)：59-65.

438. 邓贝西，肖琳.北极协同合作：政策与最佳实践——第三届中国—北欧北极合作研讨会简讯[J].太平洋学报，2015，23(06)：103.

439. 刘惠荣，李浩梅.北极航线的价值和意义："一带一路"战略下的解读[J].中国海商法研究，2015，26(02)：3-10.

440. 李振福，王文雅，朱静.北极航线在我国"一带一路"建设中的作用研究[J].亚太经济，2015(03)：34-39.

441. 孙凯.中国北极外交：实践、理念与进路[J].太平洋学报，2015，23(05)：37-45.

442. 钱婧，朱新光.冰岛北极政策研究[J].国际论坛，2015，17(03)：58-64+81.

443. 李振福，黄蕴青，姚丽丽，李漪．北极航线战略对中国海洋强国建设的催化作用研究［J］．海洋开发与管理，2015，32（05）：1-5.

444. 杨倩．关于北极争夺的实质及俄罗斯等国家的北极战略［J］．对外经贸，2015（04）：25-27.

445. 李靖宇，张晨瑶．中俄两国合作开拓 21 世纪东北方向海上丝绸之路的战略构想［J］．东北亚论坛，2015，24（03）：75-83+128.

446. 肖洋．北极理事会视域下的中加北极合作［J］．和平与发展，2015（02）：84-97+119.

447. 欧阳军．探访北极生物圈［J］．资源与人居环境，2015（04）：29-34.

448. 朱明亚，平瑛，贺书锋．北极油气资源开发对世界能源格局和中国的潜在影响［J］．海洋开发与管理，2015，32（04）：1-7.

449. 王丹，王杰，张浩．环北极国家与地区的北极航道通行政策及其发展趋势分析［J］．极地研究，2015，27（01）：74-82.

450. 张晓君，吴闽．关于中国北极安全法律保障问题的思考［J］．辽宁师范大学学报（社会科学版），2015，38（01）：39-43.

451. 郭培清，董利民．北极经济理事会：不确定的未来［J］．国际问题研究，2015（01）：100-113.

452. 杨瑛．《联合国海洋法公约》对北极事务的影响［J］．太原理工大学学报(社会科学版)，2014，32(06)：43-47.

453. 曹升生，郭飞飞. 瑞典的北极战略[J]. 江南社会学院学报，2014，16(04)：50-54.

454. 李钰. 源自"北极"的珍贵滋养[J]. 走向世界，2014(52)：114-115.

455. 刘稚亚. 航向北极——极点[J]. 经济，2014(12)：94-101.

456. 白佳玉，李翔. 俄罗斯和加拿大北极航道法律规制述评——兼论我国北极航线的选择[J]. 中国海洋大学学报(社会科学版)，2014(06)：13-19.

457. 程保志. 加拿大与北极治理：观念塑造与政策实践[J]. 当代世界，2014(11)：64-67.

458. 董爱波，陈畅，姚湜. 中俄共建港口：提升北极"黄金水道"成色[J]. 珠江水运，2014(20)：26.

459. 加拿大商船首次从北极航道抵华[J]. 广东造船，2014，33(05)：113.

460. 孙凯，王晨光. 国家利益视角下的中俄北极合作[J]. 东北亚论坛，2014，23(06)：26-34+125.

461. 黄勤怡. 北极地区200海里外大陆架争端的法律探析[J]. 法制与社会，2014(29)：74-76.

462. 潘敏. 机遇与风险：北极环境变化对中国能源安全的影响及对策分析[J]. 中国软科学，2014(09)：12-21.

463. 李洒洒. 浅析俄罗斯的北极战略[J]. 吉林工程技术师范学院学报，2014，30(09)：4-7+11.

464. 高峰. 世界上另一个能源宝库——北极[J]. 农业工程技术（新能源产业），2014(09)：15-16.

465. 人类定居北极研究的新进展[J]. 大众考古，2014(09)：95.

466. 邹磊磊，黄硕琳，付玉. 南北极渔业管理机制的对比研究[J]. 水产学报，2014，38(09)：1611-1617.

467. 何铁华.《极地规则》与北极俄罗斯沿岸水域的制度安排[J]. 中国海事，2014(09)：13-16.

468. 郭培清，董利民. 印度的北极政策及中印北极关系[J]. 国际论坛，2014，16(05)：15-21+79.

469. 赵隆. 从航道问题看北极多边治理范式——以多元行为体的"选择性妥协"进程实践为例[J]. 国际关系研究，2014(04)：63-74+154-155.

470. 李振福，王文雅，尤雪，史砚磊，姚丽丽，张锐. 北极及北极航线问题研究综述[J]. 大连海事大学学报（社会科学版），2014，13(04)：26-30.

471. 李莉，尤永斌．保障我国北极航道权益的法律问题探析[J]．军队政工理论研究，2014，15（04）：87-89.

472. 白佳玉．北极航道沿岸国航道管理法律规制变迁研究——从北极航道及所在水域法律地位之争谈起[J]．社会科学，2014（08）：86-95.

473. 彭振武，王云闯．北极航道通航的重要意义及对我国的影响[J]．水运工程，2014（07）：86-89+109.

474. 孙凯．参与实践、话语互动与身份承认——理解中国参与北极事务的进程[J]．世界经济与政治，2014（07）：42-62+157.

475. 谢玮．加拿大驻华大使赵朴谈北极开发：北极航运比油气开发更重要[J]．中国经济周刊，2014（25）：76-77.

476. 李益波．美国北极政策的新动向及其国际影响[J]．南京政治学院学报，2014，30（03）：86-93.

477. 赵隆．北极区域治理范式的核心要素：制度设计与环境塑造[J]．国际展望，2014（03）：107-125+157-158.

478. 杨振姣，董海楠，唐莉敏．北极海洋生态安全面临的挑战及应对[J]．海洋信息，2014（02）：23-30.

479. 钱宗祺．俄罗斯北极治理的政治经济诉求[J]．东北亚学刊，2014（03）：16-22.

480. 赵进平. 我国北极科技战略的孕育和思考[J]. 中国海洋大学学报(社会科学版), 2014(03): 1-7.

481. 肖洋. 北极海空搜救合作: 成就、问题与前景[J]. 中国海洋大学学报(社会科学版), 2014(03): 8-13.

482. 孙凯, 王晨光. 中国参与北极事务的战略选择——基于战略管理的 SWOT 分析视角[J]. 国际论坛, 2014, 16(03): 49-55+81.

483. 王传兴. 北极治理: 主体、机制和领域[J]. 同济大学学报(社会科学版), 2014, 25(02): 24-33.

484. 李尧. 北约与北极——兼论相关国家对北约介入北极的立场[J]. 太平洋学报, 2014, 22(03): 53-65.

485. 郭真, 陈万平. 北极争议与中国权益[J]. 唯实, 2014(03): 89-91.

486. 郭培清, 孙兴伟. 论小布什和奥巴马政府的北极"保守"政策[J]. 国际观察, 2014(02): 80-94.

487. 邹磊磊, 付玉. 从有效管理向强化主权诉求的又一范例——论析加拿大西北航道主权诉求的有利因素及制约因素[J]. 太平洋学报, 2014, 22(02): 1-7.

488. 李德俊. 西北航道利用的法律地位问题探究[J]. 太平洋学报, 2014, 22(02): 8-14.

489. 郭真，陈万平．中国在北极的海洋权益及其维护——基于《联合国海洋法公约》的分析[J]．军队政工理论研究，2014，15（01）：136-140.

490. 肖洋．北极理事会"域内自理化"与中国参与北极事务路径探析[J]．现代国际关系，2014（01）：51-55+62+64.

491. 皇甫青红，华薇娜．中国作者北极国际核心期刊论文调研分析——基于 SCIE、SSCI、A&；HCI 数据库的文献调研[J]．现代情报，2014，34（01）：100-105.

492. 庞中鹏．日本关注北极与中国的应对之策[J]．学习月刊，2014（01）：37-38.

493. 杨剑．北极航运与中国北极政策定位[J]．国际观察，2014（01）：123-137.

494. 彼得·哈里森，钱皓．加拿大北极地区：挑战与机遇？[J]．国际观察，2014（01）：138-146.

5.1.2　南极相关论文

1. 蓝明华，沈权．南设得兰群岛之纳尔逊海峡航法介绍[J]．航海技术，2019（01）：14-18.

2. 黄惠康．国际海洋法前沿值得关注的十大问题[J]．边界与海洋研究，2019，4（01）：5-24.

3. 张亦驰，刘扬，冀昱樵．中国将在南极建永久机场[J]．小康，

2018(32)：56-57.

4. 柳玲.日本推动恢复商业捕鲸的玄机[J].生态经济，2018，34（11）：2-5.

5. 梁怀新.日本的南极战略评析[J].国际研究参考，2018(10)：21-25.

6. 郑英琴.南极的法律定位与治理挑战[J].国际研究参考，2018(09)：1-7.

7. 冯晓星.极地旅游：脆弱生态与绿色消费[N].中国旅游报，2018-09-17(004).

8. 丁煌，云宇龙.中国南极国家安全利益的生成及其维护路径研究[J].太平洋学报，2018，26(09)：70-81.

9. 罗睿."南极旅游"试题设计[J].中学地理教学参考，2018(17)：63-64.

10. 司文文.南极条约[J].中国投资，2018(15)：78-79.

11. 王婉潞.中国参与南极治理正当其时[N].社会科学报，2018-08-02(003).

12. 郝仪萱.南极旅行邮轮选择指南[J].现代商业银行，2018(14)：114-115.

13. 唐荣，李萍，刘杰，李培英，冯秀丽．极地旅游发展研究[J]．海洋开发与管理，2018，35（06）：26-29.

14. 陈瑜．南极、北极、青藏高原：遥不可及却密切相关[N]．科技日报，2018-06-28（005）.

15. 王文，姚乐．新型全球治理观指引下的中国发展与南极治理——基于实地调研的思考和建议[J]．中国人民大学学报，2018，32（03）：123-134.

16. 董跃，葛隆文．南极搜救体系现状与影响及我国的对策研究[J]．极地研究，2018，30（02）：199-209.

17. 许善品，汪书丞．澳大利亚南极战略：内涵、特征及思考[J]．齐齐哈尔大学学报（哲学社会科学版），2018（06）：31-33.

18. 沈权．极地科考历险记[J]．中国船检，2018（06）：64-66.

19. 唐邹星．南极旅游环境保护法律问题的研究[D]．广西大学，2018.

20. 郑英琴．世界净土：南极的公域价值与治理挑战[J]．世界知识，2017（13）：52-53.

21. 兰存子．极地旅游：独特资源条件下的高端旅游及可持续发展[J]．世界环境，2017（03）：70-73.

22. 刘涵，张侠．美国南极科研投入的统计分析及其对我国的启示

[J]. 极地研究，2017，29(02)：245-255.

23. 范鹏飞. 南极海洋保护区法律问题研究[D]. 武汉大学，2017.

24. 梅春才，郭培清. 南极：中国与阿根廷外交的新支点[J]. 世界知识，2017(08)：60-62.

25. 吴萌. 国际法框架下的南极旅游相关法律问题研究[D]. 山东大学，2017.

26. 阮建平. 南极政治的进程、挑战与中国的参与战略——从地缘政治博弈到全球治理[J]. 太平洋学报，2016，24(12)：21-30.

27. 吴伦. 韩国南极国家行动：动因、举措及策略[J]. 极地研究，2016，28(03)：381-389.

28. 闫朱伟，朱建庚. 南极海洋保护区建立的法律问题分析[J]. 浙江海洋学院学报(人文科学版)，2016，33(04)：8-13+23.

29. 孙芳明. 美国南极政策研究[D]. 外交学院，2016.

30. 陈力. 南极海洋保护区的国际法依据辨析[J]. 复旦学报(社会科学版)，2016，58(02)：152-164.

31. 王珂. 南极旅游意象研究——基于蚂蜂窝游记的探讨[J]. 旅游纵览(下半月)，2016(03)：159-160+163.

32. 鲍文涵，赵宁宁. 制度供给视域下的英国南极参与：实践与借鉴[J].北京理工大学学报(社会科学版)，2016，18(02)：139-144.

33. 吴宁铂，陈力. 澳大利亚南极利益——现实挑战与政策应对[J]. 极地研究，2016，28(01)：123-132.

34. 鲍文涵. 英国的南极参与：过程、目标与战略[J]. 世界经济与政治论坛，2016(02)：70-84.

35. 彭鹏. 浅谈南极条约体系中的国际条约在中国的适用[J]. 海洋开发与管理，2016，33(02)：76-80.

36. 李若维. 日本南极捕鲸新项目的管辖权探讨[J]. 法制与社会，2016(02)：147-148.

37. 商业客机首次成功降落南极蓝冰跑道[J]. 空运商务，2015(12)：10.

38. 张侠. 极地公域与国际安全问题[J]. 世界知识，2015(18)：23-24.

39. 周菲. 法国对南极事务的参与以及对中国的经验借鉴[J]. 法国研究，2015(03)：15-21.

40. 杨瑛.《联合国海洋法公约》对南极事务的影响[J]. 理论月刊，2015(06)：174-178.

41. 李小涵. 南极条约体系中的国内法因素[D]. 中国海洋大学，2015.

42. 李馨馨. 南极模式中的政治与科学初探[D]. 南京大学, 2015.

43. 桂静. 不同维度下公海保护区现状及其趋势研究——以南极海洋保护区为视角[J]. 太平洋学报, 2015, 23(05): 1-8.

44. 何柳. 新西兰南极领土主权的历史与现状论析[J]. 理论月刊, 2015(05): 173-179.

45. 刘明. 阿根廷的南极政策探究[J]. 拉丁美洲研究, 2015, 37(01): 41-47.

46. 毛寿龙. 极地国家利益的政策分析——读《极地国家政策研究报告(2012—2013)》有感[J]. 中国行政管理, 2015(02): 155.

47. 郑英琴. 南极话语权刍议[J]. 国际关系研究, 2014(06): 62-72+149-150.

48. 中国正式成为南极海洋生物资源养护委员会成员[A]. 中国海洋法学评论(2007年卷第2期 总第6期)[C]. 厦门大学海洋政策与法律中心, 2014: 1.

49. 邹磊磊. 南北极渔业管理机制的对比研究及中国极地渔业政策[D]. 上海海洋大学, 2014.

50. 姜茂增, 郭周荣. 中国进行南极生物勘探的管理现状与对策分析[J]. 山东商业职业技术学院学报, 2014, 14(02): 83-87.

51. 刘明. 英国与阿根廷的南极关系考察(1942—1961)[J]. 外国

问题研究，2014(01)：32-39.

52. 刘云涛. 南极生物勘探管理法律制度研究[D]. 中国海洋大学，2013.

53. 赵颖颖. 中国南极非生物资源开发法律规制[D]. 中国海洋大学，2013.

54. 刘明.1940—1982年智利的南极政策探究[J]. 西南科技大学学报(哲学社会科学版)，2013，30(02)：6-14.

55. 唐建业. 南极海洋生物资源养护委员会与中国：第30届年会[J]. 渔业信息与战略，2012，27(03)：194-202.

56. 吴宁铂. 南极外大陆架划界法律问题研究[D]. 复旦大学，2012.

57. 陈丹红. 南极旅游业的发展与中国应采取的对策的思考[J]. 极地研究，2012，24(01)：73-79.

58. 沈鹏. 美国的极地资源开发政策考察[J]. 国际政治研究，2012，33(01)：97-116+8-9.

59. 吴依林. 论澳大利亚南极科学战略及研究主题[J]. 中国海洋大学学报(社会科学版)，2012(01)：1-4.

60. 徐嵩龄."南极"术语翻译引发的思考：语言经济原则与非同质术语翻译[J]. 中国科技术语，2011，13(03)：32-34.

61. 阙占文. 论南极环境损害责任制度[J]. 江西社会科学, 2011, 31(03)：170-174.

62. 石伟华. 南极政治的多层面研究[D]. 中国海洋大学, 2010.

63. 于晨. 南极环境保护法律制度研究[D]. 中国海洋大学, 2010.

64. 凌晓良. 透过南极条约协商会议文件和议案看南极事务[A]. 中国软科学研究会. 第七届中国软科学学术年会论文集(下)[C]. 中国软科学研究会：中国软科学研究会, 2009：8.

65. 吴依林. 从南极条约体系演化看矿产资源问题[J]. 中国海洋大学学报(社会科学版), 2009(05)：11-13.

66. 郭培清, 石伟华. 马来西亚南极政策的演变(1982 年—2008 年)[J]. 中国海洋大学学报(社会科学版), 2009(03)：14-17.

67. 石伟华, 郭培清. 马来西亚与"南极问题"二十年[J]. 海洋世界, 2009(04)：67-70.

68. 高威. 南北极法律状况研究[J]. 海洋环境科学, 2008(04)：383-386.

69. 颜其德, 朱建钢.《南极条约》与领土主权要求[J]. 海洋开发与管理, 2008(04)：78-83.

70. 郭培清. 北极很难走通"南极道路"[J]. 瞭望, 2008(15)：64.

71. 郭培清. 南极旅游影响评估及趋势分析[J]. 中国海洋大学学报(社会科学版), 2007(05): 13-16.

72. 郭培清. 印度南极政策的变迁[J]. 南亚研究季刊, 2007(02): 50-55+1+4.

73. 郭培清. 南极中立化与美苏博弈[J]. 海洋世界, 2007(05): 61-67.

74. 郭培清. 埃斯库德罗宣言与南极中立化[J]. 海洋世界, 2007(04): 77-80.

75. 郭培清. 南极的资源与资源政治[J]. 海洋世界, 2007(03): 68-73.

76. 郭培清. 美国南极洲政策中的苏联因素[J]. 中国海洋大学学报(社会科学版), 2007(02): 12-15.

77. 郭培清. 南极旅游管理制度形成述略[J]. 中共青岛市委党校. 青岛行政学院学报, 2006(06): 45-48.

78. 颜其德. 南极洲领土主权与资源权属问题研究[A]. 中国科学技术协会. 提高全民科学素质、建设创新型国家——2006 中国科协年会论文集[C]. 中国科学技术协会: 中国科学技术协会学会学术部, 2006: 6.

79. 郭培清. 中日南极事业中的"蜜月合作"[J]. 日本学论坛, 2005(02): 18-24.

80. 李薇薇．南极环境损害责任制度的新发展［J］．法学评论，2000（03）：74-79.

81. 顿官刚．罗伯特斯科特与南极［J］．世界文化，1997（01）：16-17.

82. 邹克渊．在南极矿物资源法律中的视察制度［J］．法学杂志，1989（06）：16-17.

83. 潘云喜．围绕南极法律地位的争端［J］．政治与法律，1985（02）：42-43.

84. 邱为民．中国南极长城站站长——郭琨［J］．瞭望周刊，1985（16）：40-41.

5.1.3　高极相关论文

1. 石硕．书写西藏历史的一部巨著——读《西藏通史》的几点认识和体会［J］．中国藏学，2018（04）：13-16.

2. 倪翀，索经令．博物馆展览照明设计的意境表达——以《天路文华——西藏历史文化展》为例［J］．照明工程学报，2018，29（05）：15-19.

3. 张美景．新时代对外传播的文化自信——兼论西藏历史人物主题出版的传播价值［J］．出版参考，2018（05）：27-30.

4. 刘洁．2016年度中国边疆学视野下西藏历史研究综述——以象雄与吐蕃时期为中心［J］．中国边疆学，2017（01）：253-271.

5. 杨露．民国时期有关西藏历史地位的文本书写与认识研究［D］. 陕西师范大学，2017.

6. 魏伟，万彬，夏俊楠．西藏历史文化名城空间要素的文化价值与保护［J］. 规划师，2017，33(03)：149-154.

7. 王小芬．西藏历史文化背景下的村民自治问题研究［D］. 中央民族大学，2016.

8. 温文芳．西藏历史融入《中国近现代史纲要》教学体系的思考［J］. 西藏教育，2016(01)：46-49.

9. 谭斯颖．西藏历史文本的传统与现代对比研究［J］. 青藏高原论坛，2016，4(01)：27-34.

10. 杜永彬．西方藏学研究中的一个"硬伤"——评《西藏历史辞典》［J］. 西藏民族大学学报(哲学社会科学版)，2015，36(06)：141-147.

11. 冯智．八世司徒所记康雍时期西藏历史片段——藏文《八世司徒自传》选译［J］. 中国藏学，2014(04)：50-57.

12. 欧阳雪梅．驳"中国政府威胁西藏历史文化环境论"［J］. 武陵学刊，2014，39(03)：48-51+64.

13. 王清华．布达拉宫的历史变迁研究［D］. 西藏大学，2012.

14. 邱熠华．论西藏近代史上的拉萨三大寺［D］. 中央民族大学，2012.

15. 张晓梅. 俄罗斯对藏文史籍的翻译及其藏学研究[D]. 中央民族大学，2012.

16. 徐志民. 著名藏学家恰白·次旦平措史学思想述论[J]. 西藏研究，2011(05)：28-37.

17. 单霁翔. 在西藏历史文化名城名镇保护工作汇报会上的讲话[N]. 中国文物报，2011-08-10(003).

18. 仁青措姆. 试论藏传佛教闻思修的历史地位[D]. 西藏大学，2011.

19. 央珍，喜饶尼玛. 近代西藏研究述评[J]. 西藏民族学院学报(哲学社会科学版)，2010，31(05)：40-45+139.

20. 雪域宝鉴——见证西藏历史[J]. 中国统一战线，2010(05)：2.

21. 央珍. 西藏地方摄政制度研究[D]. 中央民族大学，2010.

22. 格勒，张春燕. 世人了解西藏文化的窗口——中国藏学研究中心西藏文化博物馆巡礼[J]. 中国藏学，2010(S1)：3-7.

23. 张永攀. 边疆史视野下西藏研究60年[J]. 中国边疆史地研究，2009，19(03)：30-38.

24. 毛中华. 江孜古城一个西藏历史文化街区的保护策略研究[D]. 天津大学，2009.

25. 格桑．论西藏音乐中的西藏历史[D]．西藏大学，2008.

26. 杨惠玲．宋元时期藏区经济研究[D]．暨南大学，2006.

27. 张云．元代吐蕃地方行政体制研究[D]．南京大学，1993.

28. 群觉．西藏："历史与现状"学术讨论会综述[J]．中国藏学，1991(02)：130-133.

29. 李玲．西藏经济发展现状实证分析[J]．时代金融，2018(32)：110+114.

30. 廖冶寅．改革开放以来西藏经济发展成就、特点与启示[J]．西藏民族大学学报(哲学社会科学版)，2018，39(06)：23-28+153.

31. 石硕．书写西藏历史的一部巨著——读《西藏通史》的几点认识和体会[J]．中国藏学，2018(04)：13-16.

32. 倪翀，索经令．博物馆展览照明设计的意境表达——以《天路文华——西藏历史文化展》为例[J]．照明工程学报，2018，29(05)：15-19.

33. 王文令．西藏改革开放的成功实践与经验研究[J]．西藏发展论坛，2018(05)：10-20.

34. 邹贤祥，王桂胜．西藏民生事业发展现状、问题和措施研究[J]．西藏大学学报(社会科学版)，2018，33(03)：151-157.

35. 吕明辉．西藏经济竞争力提升研究——以"文化软实力"为依托
[J]．西藏研究，2018(04)：103-109.

36. 李园．中美贸易战对西藏区域经济发展的影响[J]．西藏发展
论坛，2018(04)：78-80.

37. 德吉央宗．西藏经济发展的阶段性特征分析[J]．产业创新研
究，2018(07)：30-33.

38. 张凌霄，高云波．"一带一路"建设中西藏经济空间聚集力形成
研究[J]．中国集体经济，2018(20)：15-16.

39. 万田丽．西藏农村居民消费对西藏经济增长的影响分析[D]．
西藏大学，2018.

40. 李静宜．西藏人力资本对经济增长的影响研究[D]．西藏大
学，2018.

41. 张美景．新时代对外传播的文化自信——兼论西藏历史人物主
题出版的传播价值[J]．出版参考，2018(05)：27-30.

42. 杜成伟．西藏国内旅游发展与经济增长关系的实证研究[J]．
旅游纵览(下半月)，2018(03)：166-168+171.

43. 万田丽．西藏三大产业发展现状的评述[J]．纳税，2018
(08)：184.

44. 李静宜．人力资本对西藏经济增长影响的实证分析[J]．山西

农经, 2018(04)：15.

45. 刘洁. 2016 年度中国边疆学视野下西藏历史研究综述——以象雄与吐蕃时期为中心[J]. 中国边疆学, 2017(01)：253-271.

46. 尹贺. 中央特殊优惠经济政策在西藏的实践研究[J]. 智库时代, 2017(16)：33+36.

47. 张艳, 洪业应. 西藏经济增长与环境污染关系的实证研究[J]. 西藏发展论坛, 2017(04)：71-77.

48. 张凌霄, 高云波. 对外贸易促进西藏经济发展的实证分析[J]. 改革与开放, 2017(15)：52-54.

49. 周勇. 西藏南亚通道由"物理通道"向"跨越式通道"转变的关键是开放型本地化产业链构建[J]. 西藏民族大学学报(哲学社会科学版), 2017, 38(04)：35-39+44+154.

50. 李杨. 文化产业发展促进西藏经济发展研究[J]. 科技经济导刊, 2017(17)：239.

51. 刘仰松. 西藏农牧区经济发展中的金融支持问题研究[D]. 贵州大学, 2017.

52. 杨露. 民国时期有关西藏历史地位的文本书写与认识研究[D]. 陕西师范大学, 2017.

53. 白玛央金. 西藏对外贸易发展战略研究[D]. 吉林大学, 2017.

54. 陈莉．旅游业对西藏经济增长的影响研究［D］．西藏大学，2017.

55. 魏伟，万彬，夏俊楠．西藏历史文化名城空间要素的文化价值与保护［J］．规划师，2017，33(03)：149-154.

56. 沈开艳．"一带一路"战略下西藏经济发展面临的几大难点［J］．西藏民族大学学报(哲学社会科学版)，2017，38(01)：15-18+154.

57. 韩亮．西藏基础设施投资与经济增长关系研究［D］．中国财政科学研究院，2017.

58. 丁文龙，张晓莉．青藏铁路客、货运量与西藏经济发展的实证研究［J］．知识经济，2016(22)：68-69.

59. 次旦扎西．西藏交通发展现状分析［J］．西部发展研究，2015(00)：13-18.

60. 谭大明．西藏耕地保护利用与社会经济发展问题研究［J］．西藏农业科技，2016，38(02)：17-23.

61. 周勇．西藏经济迈向现代与开放［N］．经济日报，2016-05-24(002).

62. 王小芬．西藏历史文化背景下的村民自治问题研究［D］．中央民族大学，2016.

63. 赵璇．西藏旅游产业与城镇化关系的实证研究［D］．西藏大学，2016.

64. 陈鹏辉. 清末张荫棠藏事改革研究[D]. 陕西师范大学, 2016.

65. 王秀军. 西藏高等教育现代化指标体系的构建[D]. 西藏民族大学, 2016.

66. 周晓阳. "一带一路"战略背景下西藏沿边开放政策调整研究[D]. 西藏大学, 2016.

67. 冯海辉. "一带一路"建设与西藏跨越式发展研究[D]. 西南民族大学, 2016.

68. 温文芳. 西藏历史融入《中国近现代史纲要》教学体系的思考[J]. 西藏教育, 2016(01): 46-49.

69. 谭斯颖. 西藏历史文本的传统与现代对比研究[J]. 青藏高原论坛, 2016, 4(01): 27-34.

70. 杜永彬. 西方藏学研究中的一个"硬伤"——评《西藏历史辞典》[J]. 西藏民族大学学报(哲学社会科学版), 2015, 36(06): 141-147.

71. 张剑雄, 王小娟. 西藏农牧业实现跨越式发展的理论研究[J]. 西藏发展论坛, 2015(04): 44-46.

72. 涂学敏. 浅析西藏边贸的特征和发展意义[J]. 现代经济信息, 2015(15): 472.

73. 冯智. 八世司徒所记康雍时期西藏历史片段——藏文《八世司徒自传》选译[J]. 中国藏学, 2014(04): 50-57.

74. 王威. 以文化发展繁荣助推西藏经济社会跨越式发展[J]. 西藏发展论坛, 2014(05): 50-53.

75. 庞洪伟, 巩艳红. 包容性理念下西藏经济跨越式发展的选择[J]. 北方经贸, 2014(10): 99.

76. 马德功, 邹忌, 熊启靖. 西藏地区经济发展的制约因素及对策研究[J]. 西藏大学学报(社会科学版), 2014, 29(03): 8-13.

77. 薛晓峰. 西藏实行区域经济合作的优势分析[J]. 科技创新导报, 2014, 11(23): 164.

78. 薛晓峰. 简述西藏经济发展存在的问题及建议[J]. 科技创新导报, 2014, 11(23): 253.

79. 王鲲鹏, 何丹, 师强, 常高敏, 白梦实. 继续开发旅游资源, 促进西藏经济发展[J]. 商业经济, 2014(15): 84-85+88.

80. 毛阳海. 论"丝绸之路经济带"与西藏经济外向发展[J]. 西藏大学学报(社会科学版), 2014, 29(02): 1-7.

81. 陆航. 藏学研究促进西藏经济社会稳定发展[N]. 中国社会科学报, 2013-10-16(A01).

82. 黄菊英, 唐雨虹. 非公有制经济拉动西藏经济发展的实证分析[J]. 内蒙古统计, 2013(04): 38-40.

83. 宗刚, 李婧. 西藏交通与经济良性互动发展实证研究[J]. 中国藏学，2013(03)：113-120.

84. 李英英，张净．论西藏经济发展方式转变的财政支持[J]．西藏民族学院学报(哲学社会科学版)，2013，34(04)：44-47+139.

85. 梁启俊．清朝对西藏地方经济政策研究[D]．中央民族大学，2013.

86. 贺冰姿．西藏金融发展水平与经济增长关系的实证研究[D]．中央民族大学，2013.

87. 白世中．西藏非公有制经济发展中的人力资源开发研究[D]．西藏大学，2013.

88. 李正青．地缘经济视角下的西藏经济政策研究[D]．西藏大学，2013.

89. 吴建伟．文化产业发展促进西藏经济发展研究[D]．中央民族大学，2013.

90. 温军．西藏经济发展战略问题探讨[A]．国情报告(第六卷2003年(上))[C]．清华大学国情研究中心，2012：18.

91. 潘久艳．"全国援藏"：一种特殊区域开发方式[J]．西部发展评论，2011(00)：106-124.

92. 杜永彬．中国藏学研究对西藏发展的独特贡献[J]．西藏大学学报(社会科学版)，2012，27(02)：70-78.

93. 马守春，马子琦．旅游业促进西藏经济发展的量化分析[J].
数学的实践与认识，2012，42(10)：19-24.

94. 沈开艳，徐美芳．西藏经济跨越式发展的制约因素及对策研究
[J]．上海经济研究，2012，24(05)：3-12.

95. 仁青措姆．试论藏传佛教闻思修的历史地位[D]．西藏大
学，2011.

96. 唐沿源．投资结构与西藏经济增长[J]．西南民族大学学报(人
文社会科学版)，2011，32(03)：150-153.

97. 央珍，喜饶尼玛．近代西藏研究述评[J]．西藏民族学院学报
(哲学社会科学版)，2010，31(05)：40-45+139.

98. 赵小钢．西藏农村剩余劳动力转移对策研究[D]．中共中央党
校，2010.

99. 任明月．西藏旅游业发展的定位与战略研究[D]．西藏大
学，2010.

100. 刁海青．西藏地区太阳能开发利用的经济学分析与对策研究
[D]．西藏大学，2010.

101. 雪域宝鉴——见证西藏历史[J]．中国统一战线，2010(05)：2.

102. 央珍．西藏地方摄政制度研究[D]．中央民族大学，2010.

103. 格勒，张春燕．世人了解西藏文化的窗口——中国藏学研究中心西藏文化博物馆巡礼[J]．中国藏学，2010（S1）：3-7.

104. 李继刚．西藏在我国经济分工体系中的重要角色[J]．西藏大学学报（社会科学版），2009，24（04）：38-42+65.

105. 德吉卓嘎．略论交通运输对西藏经济发展的影响[J]．中国藏学，2009（04）：74-78.

106. 徐爱燕，邓发旺，陈清姣．西藏藏药产业发展研究[J]．科技广场，2009（10）：95-97.

107. 张永攀．边疆史视野下西藏研究60年[J]．中国边疆史地研究，2009，19（03）：30-38.

108. 田荣燕．交通建设对西藏现代化的影响研究[D]．西南交通大学，2009.

109. 毛中华．江孜古城一个西藏历史文化街区的保护策略研究[D]．天津大学，2009.

110. 毛阳海．关于西藏经济结构转型的经济学思考[D]．厦门大学，2009.

111. 毛阳海．适度的新型工业化是西藏经济发展的内在要求[J]．西部发展评论，2008（00）：84-96.

112. 土多旺久．论西藏经济社会发展的阶段性特征和挑战[J]．西藏发展论坛，2008（06）：41-43.

113. 房灵敏．从西藏的特殊性谈西藏高等教育特色的形成与创新[A].西北师范大学西北少数民族教育发展研究中心．中国少数民族教育学会第一次学术研讨会会议论文集[C].2008：7.

114. 杨小峻，刘凯．西藏高等学校学科建设的现代化发展[J].民族教育研究，2008（05）：64-67.

115. 李佳．民族文化与西藏经济发展战略选择[J].西藏发展论坛，2008（05）：31-34.

116. 刘雨林．论构建和谐社会视野下的西藏经济可持续发展[J].西藏发展论坛，2008（03）：16-19.

117. 格桑．论西藏音乐中的西藏历史[D].西藏大学，2008.

118. 宗苏宁．西藏民用机场战略定位与战略布局研究[D].中国民航大学，2008.

119. 郭婷．西藏牧区优势产业发展研究[D].西北民族大学，2008.

120. 李佳．西藏经济发展的民族文化视角[A].四川大学、中国藏学研究中心．西藏及其他藏区经济发展与社会变迁论文集[C].2006：6.

121. 狄方耀．试论中央的特殊政策对西藏经济发展的特殊促进作用[A].四川大学、中国藏学研究中心．西藏及其他藏区经济发展与社会变迁论文集［C］. 四川大学、中国藏学研究中心：四川大学中国藏学研究所，2006：9.

122. 伍艳. 西藏经济发展中的金融抑制问题［A］. 四川大学、中国藏学研究中心. 西藏及其他藏区经济发展与社会变迁论文集［C］. 四川大学、中国藏学研究中心：四川大学中国藏学研究所，2006：8.

123. 陈秀山. 中国西藏区域经济发展研究的重要成果——评赵曦著《中国西藏区域经济发展研究》［J］. 经济学家，2006(03)：115-116.

124. 杨明洪. 西藏经济跨越式发展：治藏诉求与政策回应［J］. 中国藏学，2006(02)：83-90.

125. 张强. 西藏地方财政运行机制研究［D］. 四川大学，2006.

126. 杨惠玲. 宋元时期藏区经济研究［D］. 暨南大学，2006.

127. 扎顿. 西藏对外贸易发展战略研究［D］. 四川大学，2006.

128. 何景熙. 西藏经济发展中人力资本投资效益问题研究［A］.. 西部发展评论(2005年第4期 总第18期)［C］.：四川大学社会发展与西部开发研究院，2005：14.

129. 罗娅. 关于旅游业对西藏城市化驱动的战略研究［D］. 四川大学，2005.

130. 杨斌，潘明清. 青藏铁路对促进西藏经济发展的研究［J］. 经济问题探索，2005(04)：71-73.

131. 宋朝阳. 西藏产业结构研究[D]. 武汉大学，2005.

132. 陈刚，方敏. 西藏经济增长中的技术进步因素[J]. 西藏科技，2005(02)：9-14.

133. 阿·洛曼诺夫. 中国西藏经济与内地同步发展[J]. 人权，2004(01)：56.

134. 朱玲. 西藏经济市场化进程中的劳动力流动[J]. 中国人口科学，2004(01)：52-58+82.

135. 次仁达. 加快西藏矿产资源勘查开发：促进西藏经济跨越式发展[A]. 中国地质矿产经济学会. 资源·环境·产业——中国地质矿产经济学会2003年学术年会论文集[C]. 中国地质矿产经济学会：中国地质矿产经济学会，2003：5.

136. 吴书兵. 开发旅游资源 振兴西藏经济[J]. 西藏发展论坛，2003(02)：21-23.

137. 温军. 西藏经济发展战略问题探讨[J]. 中国藏学，2003(01)：21-33.

138. 韩文贞，李晓波. 对外贸易西藏经济新亮点[J]. 西部论丛，2002(12)：50-51.

139. 米玛旺堆. 人本管理与西藏经济社会跨越式发展的思考[J]. 西藏发展论坛，2002(05)：38-39.

140. 卫国佳. 西藏矿产资源开发与环境保护[A]. 中国科学技术协会、四川省人民政府. 加入 WTO 和中国科技与可持续发展——挑战与机遇、责任和对策(下册)[C]. 中国科学技术协会、四川省人民政府：中国科学技术协会学会学术部, 2002: 2.

141. 毛阳海. 知识经济与西藏经济的可持续发展[A].《未来与发展》杂志社、中国未来研究会未来研究所. 2002 中国未来与发展研究报告[C].《未来与发展》杂志社、中国未来研究会未来研究所：中国未来研究会, 2002: 6.

142. 陈崇凯. 简析乾隆时期整顿发展西藏经济的政策措施[J]. 西藏大学学报(汉文版), 2002(01): 10-15.

143. 杨明洪. 论西藏与长江上游经济带的互动发展[A]. 四川大学中国藏学研究所、西藏社会科学院当代研究所. "西藏和其他藏区现代化道路选择"学术研讨会论文摘要集[C]. 四川大学中国藏学研究所、西藏社会科学院当代研究所：四川大学中国藏学研究所, 2001: 2.

144. 毛阳海. 知识经济与西藏可持续发展初探[J]. 中国藏学, 2001(04): 3-11.

145. 范光明. 青藏铁路建设与西藏经济发展[J]. 铁道经济研究, 2001(05): 40-41+47.

146. 张云. 元代吐蕃地方行政体制研究[D]. 南京大学, 1993.

147. 群觉. 西藏："历史与现状"学术讨论会综述[J]. 中国藏学, 1991(02): 130-133.

5.2 英语论文

1. Roman Sidortsov. Benefits over risks: A case study of government support of energy development in the Russian North [J]. Energy Policy, 2019, 129.

2. Maria S. Tysiachniouk, Andrey N. Petrov. Benefit sharing in the Arctic energy sector: Perspectives on corporate policies and practices in Northern Russia and Alaska [J]. Energy Research & Social Science, 2018, 39.

3. David Romero Manrique, Serafín Corral, Ângela Guimarães Pereira. Climate-related displacements of coastal communities in the Arctic: Engaging traditional knowledge in adaptation strategies and policies [J]. Environmental Science and Policy, 2018, 85.

4. Elizabeth Nyman. Protecting the poles: Marine living resource conservation approaches in the Arctic and Antarctic [J]. Ocean and Coastal Management, 2018, 151.

5. Sari Pietikäinen. Investing in indigenous multilingualism in the Arctic [J]. Language and Communication, 2018.

6. Choquet Anne, Faure Chloé, Danto Anatole, Mazé Camille. Governing the Southern Ocean: The science-policy interface as thorny issue [J]. Environmental Science and Policy, 2018, 89.

7. Rauna Kuokkanen. At the intersection of Arctic indigenous governance and extractive industries: A survey of three cases[J]. The Extractive Industries and Society, 2018.

8. James Overland, Edward Dunlea, Jason E. Box, Robert Corell, Martin Forsius, Vladimir Kattsov, Morten Skovgård Olsen, Janet Pawlak, Lars-Otto Reiersen, Muyin Wang. The urgency of Arctic change[J]. Polar Science, 2018.

9. Liubov Suliandziga. Indigenous peoples and extractive industry encounters: Benefit-sharing agreements in Russian Arctic [J]. Polar Science, 2018.

10. Olga ALEXEEVA, Frederic LASSERRE. An analysis on Sino-Russian cooperation in the Arctic in the BRI era[J]. Advances in Polar Science, 2018, 29(04): 269-282.

11. Guang Kejiang, Pei Guangjiang. The Polar Silk Road Attracts World Attention[J]. 和平, 2018(01): 32-35.

12. Jiang Xiumin, Liang Yiwen. On the Governance of the Arctic Region under the Tragedy of the Commons [J]. Contemporary International Relations, 2018, 28(04): 134-148.

13. LIU Han. Influence of the Agreement on Enhancing International Arctic Scientific Cooperation on the approach of non-Arctic states to Arctic scientific activities [J]. Advances in Polar Science, 2018, 29 (01): 51-60.

14. Zou Leilei. An Analysis on Antarctic Fisheries Management Regime and China's Response[J]. 学术界, 2018(08): 237-247.

15. LI Jingchang. New Relationship of the Antarctic Treaty System and the UNCLOS System: Coordination and Cooperation[A]. Hainan University、Sanya University、Xiamen University Tan Kah Kee College. Proceedings of 4th International Conference on Social Science and Higher Education (ICSSHE 2018)(Advances in Social Science, Education and Humanities Research, VOL. 181)[C]. Hainan University、Sanya University、Xiamen University Tan Kah Kee College, 2018: 4.

16. A. Novoselov, I. Potravny, I. Novoselova, V. Gassiy. Selection of priority investment projects for the development of the Russian Arctic[J]. Polar Science, 2017, 14.

17. Melanie Bergmann, Birgit Lutz, Mine B. Tekman, Lars Gutow. Citizen scientists reveal: Marine litter pollutes Arctic beaches and affects wild life[J]. Marine Pollution Bulletin, 2017, 125(1-2).

18. Jason C. Young. Canadian Inuit, digital Qanuqtuurunnarniq, and emerging geographic imaginations[J]. Geoforum, 2017, 86.

19. Oleg I. SHUMILOV, Elena A. KASATKINA, Alexander G. KANATJEV. Urban Heat Island Investigations in Arctic Cities of Northwestern Russia[J]. Journal of Meteorological Research, 2017, 31(06): 1161-1166.

20. Gisele M. Arruda, Sebastian Krutkowski. Arctic governance, indigenous knowledge, science and technology in times of climate change[J].

Journal of Enterprising Communities: People and Places in the Global Economy, 2017, 11(4).

21. Nikolay I. Shiklomanov, Dmitry A. Streletskiy, Timothy B. Swales, Vasily A. Kokorev. Climate Change and Stability of Urban Infrastructure in Russian Permafrost Regions: Prognostic Assessment based on GCM Climate Projections[J]. Geographical Review, 2017, 107(1).

22. Miklos Pinther. The American Geographical Society's 1975 Map of the Arctic Region[J]. Geographical Review, 2017, 107(1).

23. Shuai Chen. Effects of Cold Storage Environment Change on Antarctic Krill(Euphausia superba) Quality Center[A]. Wuhan Zhicheng Times Cultural Development Co., Ltd. Proceedings of 2017 International Conference on Material Science, Energy and Environmental Engineering (MSEEE 2017)[C]. Wuhan Zhicheng Times Cultural Development Co., Ltd:, 2017: 5.

24. Keru WANG. Arctic Environmental Protection: an Analysis based on the 234th Article of the United Nations Convention on the Law of the Sea [A]. . International Journal of Intelligent Information and Management Science(Volume 5, Issue 5, October 2016)[C]. 香港新世纪文化出版社有限公司, 2016: 3.

25. Yuncong Sun. Analysis on Potential Strategic Warfare in the Arctic from the View of Game Theory [A]. Proceedings of the 2016 2nd International Conference on Economy, Management, Law and Education (EMLE 2016)[C].: International Science and Culture for Academic Con-

tacts，2016：3.

26. State of the Arctic Marine Biodiversity Report（SAMBR）［A］.. 中国海洋法学评论（2016 年卷第 2 期 总第 24 期）［C］.：厦门大学海洋法与中国东南海疆研究中心，2016：2.

27. PAN Min，WANG Mei. Self-organization：the governance of CAO fisheries from perspective of the global commons［J］. Advances in Polar Science，2016，27（03）：159-162.

28. DENG Beixi. Arctic security：evolution of Arctic security dynamics and prospect for a security regime in the Arctic［J］. Advances in Polar Science，2016，27（03）：163-169.

29. ZHAO Long. Patterns of international governance in the Arctic and China's approach ［J］. Advances in Polar Science，2016，27（03）：170-179.

30. Rasmus Gjedss? Bertelsen. Triple-helix knowledge-based Sino-Nordic Arctic relationships for trust and sustainable development［J］. Advances in Polar Science，2016，27（03）：180-184.

31. BAI Jiayu，Alexandr Voronenko. Lessons and prospects of Sino-Russian Arctic cooperation［J］. Advances in Polar Science，2016，27（03）：185-191.

32. Bent Ole Gram Mortensen，Jingjing Su，Lone Wandahl Mouyal. Chinese investment in Greenland［J］. Advances in Polar Science，2016，

27（03）：192-199.

33. Daniela Tommasini, Shenghan Zhou. Chinese visiting Rovaniemi, Finland：profile and perceptions of Arctic tourists［J］. Advances in Polar Science, 2016, 27（03）：200-208.

34. Daria Gritsenko；Elena Efimova. Policy environment analysis for Arctic seaport development：the case of Sabetta（Russia）. Polar Geography, 2017-07-03.

35. Bone. The Changing Circumpolar World for Canada, Quebec, Nunavik, and the Arctic Council. American Review of Canadian Studies, 2017-04-03.

36. Corine Wood‐Donnelly. Messages on Arctic Policy：Effective Occupation in Postage Stamps of the United States, Canada, and Russia. Geographical Review, 2017-01-15.

37. Ksenia Gavrilova；Nikolai Vakhtin；Valeria Vasilyeva. Anthropology of the Northern Sea Route：introducing the topic. The Polar Journal, 2017-01-02.

38. Niklas Eklund；；Lize-Marié van der Watt. Refracting（geo）political choices in the Arctic The Polar Journal, 2017-01-02.

39. Olga Khrushcheva；Marianna Poberezhskaya. The Arctic in the political discourse of Russian leaders：the national pride and economic ambitions. East European Politics, 2016-10-01.

40. Elena Conde Pérez; Zhaklin Valerieva Yaneva. The European Arctic policy in progress. Polar Science, 2016-09-15.

41. Taisaku Ikeshima. Japan's role as an Asian observer state within and outside the Arctic Council's framework. Polar Science, 2016-09-15.

42. Hyun Jung. Success in heading north?: South Korea's master plan for Arctic policy. Kim Marine Policy, 2015-11-15.

43. A. N. Pilyasov; V. V. Kuleshov; V. E. Seliverstov. Arctic policy in an era of global instability: Experience and lessons for Russia. Regional Research of Russia, 2015-01-15.

44. Marlene Laruelle. Resource, state reassertion and international recognition: locating the drivers of Russia's Arctic policy. The Polar Journal, 2014-07-03.

45. Aki Tonami. The Arctic policy of China and Japan: multi-layered economic and strategic motivations. The Polar Journal, 2014-01-02.

46. Rebecca Pincus. "The US is an Arctic Nation": policy, implementation and US icebreaking capabilities in a changing Arctic. The Polar Journal, 2013-06-01.

47. Michał Łuszczuk. Climate Change in the Arctic And It's Geopolitical Consequence - The Analysis of the European Union Perspective. Papers on Global Change IGBP, 2011-06-01.

48. Peter J. May; Bryan D. Jones; Betsi E. BeemPolicy Coherence and Component - Driven Policymaking: Arctic Policy in Canada and the United States. Policy Studies Journal, 2005-02-15.

5.3 俄语论文

1. Ковалев Александр Павлович, Лёвкин Игорь Михайлович, Науменко Ксения Андреевна. Космические информационные технологии в арктической политике Евросоюза. **Управленческое консультирование**, 2018

2. Муратшина Ксения Геннадьевна, Иванова Анна Евгеньевна. Политика Китая в Арктическом Совете. **Вестник Томского государственного университета**, 2017

3. Павельева Эвелина Анатольевна. Экологическая политика Европейского союза в Арктическом регионе. **Сибирский юридический вестник**, 2017

4. Кижаева Анастасия Владимировна. Экологическая политика скандинавских стран в Арктическом регионе. **Актуальные проблемы современных международных отношений**, 2017

5. Немченко С Б, Цеценевская О И. Арктическая зона Российской Федерации: развитие законодательства в советский период[J]. **Вестник Мурманского государственного технического университета**, 2016, 19(2).

6. Бондарева В С. Арктика-зона стратегических интересов России

[J]. **Инновации и инвестиции**, 2016 (6): 151-154.

7. Титова Г Д. Принцип предосторожности в системе защиты экосистем арктических морей от роста экологических угроз [J]. **Региональная экология**, 2016 (3): 17-30.

8. Пунтус В А, Пудовкина И. К развитию концепции российской арктической зоны на примере проекта высокоширотной научной обсерватории[J]. **Российско-китайский научный журнал《Содружество》**, 2016: 5.

9. Лабюк Александра Игоревна. Политика КНР в Арктическом регионе: государственные и коммерческие проекты. Россия и АТР, 2016

10. Ананьева Елена Владимировна, Антюшина Наталия Михайловна. Арктическая политика Великобритании. Арктика и Север, 2016

11. Курмазов Александр Анатольевич. Приоритеты современной арктической политики Японии. Таможенная политика России на Дальнем Востоке, 2016

12. Курылев Константин Петрович, Петрова Анна Владимировна. Евро-Арктический регион как вектор арктической политики России. Манускрипт, 2016

13. Богачев Виктор Фомич, Веретенников Николай Павлович, Соколов Павел Владимирович. Региональные интересы России в концепции

развития Арктики［J］. **Вестник Мурманского государственного технического университета**, 2015: 373-376

14. Елисеев Дмитрий Олегович, Наумова Юлия Викторовна. Экономическое освоение российской Арктики: цели, задачи, подходы ［J］. **Труды Карельского научного центра Российской академии наук**, 2015: 4-16

15. Фомичев Андрей Анатольевич. Политический вектор развития Северного морского пути. **Вестник МГИМО Университета**, 2015

16. Меламед Игорь Ильич, Авдеев Михаил Алексеевич, Павленко Владимир Ильич. Арктическая зона России в социально-экономическом развитии страны. **Власть**, 2015

17. Никулкина Инга Владимировна. Налоговые инструменты реализации государственной Арктической политики Российской Федерации. **Арктика XXI век. Гуманитарные науки**, 2015

18. Радушинский Д А. О создании концепции Арктического кластера в Северо-Западном регионе России［J］. **научно-исследовательского отдела Института военной истории Том** 9, 2014: 139.

19. Транспортная составляющая экономики Арктики［J］. **Вестник Мурманского государственного технического университета**, 2014: 552-555

20. Татаркин Александр Иванович, Литовский Владимир Васильевич.

Россия в Арктике: стратегические приоритеты комплексного освоения и инфраструктурной политики[J]. **Вестник Мурманского государственного технического университета**, 2014: 573-587

21. Дидык Владимир Всеволодович, Рябова Лариса Александровна. Моногорода российской Арктики: стратегии развития (на примере Мурманской области). **Экономические и социальные перемены: факты, тенденции, прогноз**, 2014: 84-99

22. Тараканов Михаил Афанасьевич. Транспортные проекты в Арктике: синхронизация, комплексность [J]. **Вестник Кольского научного центра РАН**, 2014: 80-85

23. Рудаков Михаил Николаевич, Шегельман Илья Романович. Природные ресурсы Арктики и экономические интересы Финляндии [J]. **Инженерный вестник Дона**, 2014: 1-6

24. Журбей Евгений Викторович, Намаконов Марк Натикович. Проблемы, вызовы и угрозы арктической внешней политики Канады. Ойкумена. **Регионоведческие исследования**, 2014

25. Лысцев Михаил Сергеевич. Арктическая политика североамериканских государств в XXI в. **Регионология**, 2014

26. Александров Олег Борисович. Кто обеспечит безопасность Арктики? [J]. **Вестник МГИМО Университета**, 2013: 18-23

27. Лунев С. Индия устремилась в Арктику [J]. **Арктический**

регион：Проблемы международного сотрудничества，2013：243.

28. Подоплёкин Андрей Олегович. Научно-исследовательские структуры обеспечения арктической политики зарубежных государств. **Вестник Северного（Арктического）федерального университета. Серия：Гуманитарные и социальные науки**，2013

29. Гребеник Виктор Васильевич，Никулкина Инга Владимировна. Налоговое стимулирование развития Арктической зоны Российской Федерации. **Вестник Московского университета имени С. Ю. Витте. Серия 1：Экономика и управлепие**，2013

30. Коломин Константин Давидович. Полярный рубеж России. **Армия и общество**，2013

31. Дмитриев В Г，Данилов А И，Клепиков А В，et al. Об издании научной серии《Вклад России в Международный полярный год 2007/08》[J]. **Арктика：экология и экономия**，2012（3）：54.

32. Журавлёв Павел Сергеевич. Арктическая политика Архангельской области. **Вестник Северного（Арктического）федерального университета. Серия：Гуманитарные и социальные науки**，2012

33. Крюков В Д，Зацепин Е Н，Сергеев М Б. Исторический очерк поляной морской геологоразыедочной экспедиции [J]. **Разведка и охрана недр**，2012（8）：3-11.

34. Балакин Вячеслав Иванович. Стратегия Китая в Арктике и

Антарктике[J]. Китай в мировой и региональной политике. **История и современность**, 2012: 227-241

35. Подоплёкин Андрей Олегович. Россия и потенциал сотрудничества арктических стратегий циркумполярных стран. **Вестник Северного (Арктического) федерального университета. Серия: Гуманитарные и социальные науки**, 2012

36. Сыроватский Д. И., Винокуров В. С. Кадровая политика в арктических улусах республики Саха (Якутия). **Проблемы современной экономики**, 2012

37. Фененко А. Россия и соперничество за передел приполярных пространств[J]. **Мировая экономика и международные отношения**, 2011 (4): 16-29.

38. Мальков Михаил Васильевич. Развитие информационно-телекоммуникационной среды в Арктике[J]. **Труды Кольского научного центра РАН**, 2011: 10-18

39. Подоплёкин А О. Арктика как объект геополитических интересов неарктических государств [J]. **Вестник Северного (Арктического) федерального университета**. Серия: Гуманитарные и социальные науки, 2011 (2).

40. Голдин Владислав Иванович. Арктика международных отношениях и геополитике в XX начале XXI века: вехи истории и современность[J]. **Вестник Северного (Арктического) федерального университета**. Серия:

Гуманитарные и социальные науки, 2011: 22-33

41. Подоплёкин Андрей Олегович. Арктика как объект геополитических интересов неарктических государств[J]. **Вестник Северного（Арктического）федерального университета. Серия: Гуманитарные и социальные науки**, 2011: 40-45

42. Харлампьева Надежда Климовна. Арктика новый регион мира. **Известия Саратовского университета. Новая серия. Серия Социология. Политология**, 2011

43. Фадеев Алексей Михайлович, Череповицын Алексей Евгеньевич, Ларичкин Фёдор Дмитриевич. Зарубежный опыт освоения углеводородных ресурсов Арктического континентального шельфа. **Экономические и социальные перемены: факты, тенденции, прогноз**, 2011

44. Глазунова Ирина Михайловна. Арктическая политика сша в 2007-2011 гг. Вестник Московского университета. Серия 25. **Международные отношения и мировая политика**, 2011

45. Соколова Н В. Современные изменения Антарктиды как индикаторы глобальных изменений движения Земли[J]. **Георесурсы, геоэнергетика, геополитика:** Электрон. науч. журн, 2010 (1): 01.

46. Харлампьева Надежда Климовна, Лагутина Мария Львовна. Международное сотрудничество в Арктике: эколого-политический аспект[J]. **Общество. Среда. Развитие**, 2010: 212-217.

47. Козьменко Сергей Юрьевич, Савельев Антон Николаевич. Стратегические перспективы развития морской деятельности в Арктике [J]. **Вестник Мурманского государственного технического университета**, 2010: 105-107

48. Сенкевич Ю И. Организация телемедицинских консультаций в полярных экспедициях[J]. **Биотехносфера**, 2009 (2).

49. Сиваков Дмитрий Олегович. Право и Арктика: современные проблемы [J]. **Вестник Удмуртского университета. Серия 《Экономика и право》**, 2009: 238-243

50. Шевченко В П, Лисицын А П, Штайн Р, et al. Распределение и состав нерастворимых частиц в снеге Арктики[J]. **Проблемы Арктики и Антарктики**, 2007 (75): 106-118.

注：英语和俄语论文数量众多，不能尽录。本着突出杂志社的原则进行呈现，杂志名称用粗体标出。

第六章　极地研究法律与法规

一、南极条约

（1959 年 12 月 1 日订于华盛顿，1961 年 6 月 23 日生效。）

阿根廷、澳大利亚、比利时、智利、法兰西共和国、日本、新西兰、挪威、南非联邦、苏维埃社会主义共和国联盟（1991 年苏联解体后分裂出 15 个国家：东斯拉夫三国、波罗的海三国、中亚五国、外高加索三国、摩尔多瓦）、大不列颠及北爱尔兰联合王国和美利坚合众国政府，承认为了全人类的利益，南极应永远专为和平目的而使用，不应成为国际纷争的场所和对象。

认识到在国际合作下对南极的科学调查，为科学知识做出了重大贡献。

确信建立坚实的基础，一边按照国际地球物理年期间的实践，在南极科学调查自由的基础上继续发展国际合作，符合科学和全人类进步的利益。

并确信保证南极只用于和平目的和继续保持在南极的国际和睦的条约将促进联合国宪章的宗旨和原则。

协议如下：

第一条

一、南极应只用于和平目的。一切具有军事性质的措施，例如建立军事极地，建筑要塞，进行军事演习以及任何类型武器的试验等等，均予禁止。

二、本条约不阻止为科学研究或任何其他和平目的而使用军事人员或设备。

第二条

在国际地球物理年内所实行的南极科学调查自由和为此目的而进行的合作，应按照本条约的规定予以继续。

第三条

一、为了按照本条约第二条的规定，在南极促进科学调查方面的国际合作，缔约各方同意在一切实际可行的范围内：

(甲)交换南极科学规划的情报，以便保证用最经济的方法获得最大的效果；

(乙)在南极各考察队和各考察站之间交换科学人员；

(丙)南极的科学考察报告和成果应予交换并可自由得到。

二、在实施本条款时，应尽力鼓励同南极具有科学或技术兴趣的联合国各专门机构及其他国际组织建立合作工作关系。

第四条

一、本条约中的任何规定不得解释为：

(甲)缔约任何一方放弃在南极原来所主张的领土主权权利或领土要求。

(乙)缔约任何一方全部或部分放弃由于它在南极的活动或由于它的国民在南极的活动或其他原因而构成的对南极领土主权的要求的任何根据。

(丙)损害缔约任何一方关于它承认或否认任何其他国家在南极的领土主权的要求或要求的根据的立场。

二、在本条约有效期间所发生的一切行为或活动，不得构成主张、支持或否认对在南极的领土主权的要求的基础，也不得创立在南极的任何主权权利。在本条约有效期间，对在南极的领土主权不得提出新的要求或扩大现有的要求。

第五条

一、禁止在南极进行任何核爆炸和在该区域处置放射性尘埃。

二、如果在使用核子能包括核爆炸和处置放射性尘埃方面达成国际协定，而其代表有权参加本条约第九条所列举的会议的缔约各方均为缔约国时，则该协定所确立的规则均适用于南极。

第六条

本条约的规定应适用于南纬 60 度以南的地区，包括一切冰架；但本条约的规定不应损害或在任何方面影响任何一个国家在该地区内根据国际法所享有的对公海的权利或行驶这些权利。

第七条

一、为了促进本条约的宗旨，并保证这些规定得到遵守，其代表有权参加本条约第九条所述的会议的缔约各方，应有权指派观察员执行本条所规定的任何视察。观察员应为指派他的缔约国的国民。观察员的姓名应通知其他有权指派观察员的缔约每一方，对其任命的终止也应给以同样的通知。

二、根据本条第一款的规定所指派的每一个观察员，应有完全的自由在任何时间进入南极的任何一个或一切地区。

三、南极的一切地区，包括一切驻所、装置和设备，以及在南极装卸货物或人员的地点的一切船只和飞机，应随时对根据本条第一款所指派的任何观察员开放，任其视察。

四、有权指派观察员的任何缔约国，可于任何时间在南极的任何或一切地区进行空中视察。

五、缔约每一方，在本条约对它生效时，应将下列情况通知其他缔约各方，并且以后事先将下列情况通知它们：

（甲）它的船只或国民前往南极和在南极所进行的一切考察，以及在它领土上组织或从它领土上出发的一切前往南极的考察队；

（乙）它的国民在南极所占有的一切驻所；

(丙)它依照本条约第一条第二款规定的条件，准备殆尽南极的任何军事人员或装备。

第八条

一、为了便利缔约各方行使本条约规定的职责，并且不损害缔约各方关于在南极对所有其他人员行驶管辖权的各自立场，根据本条约第七条第一款指派的观察员和根据本条约第三条第一款（乙）项二交换的科学人员以及任何这些人员的随从人员，在南极为了行使他们的职责而逗留期间发生的一切行为或不行为，应只受他们所属缔约一方的管辖。

二、在不损害本条第一款的规定，并在依照第九条第一款（戊）项采取措施以前，有关的缔约各方对在南极行使管辖权的任何争端应立即共同协商，以求达到相互可以接受的解决。

第九条

一、本条约序言所列缔约各方的代表，应于本条约生效之日后两个月内在堪培拉城开会，以后并在合适的期间和地点开会，一边交换情报、共同协商有关南极的共同利益问题，并阐述、考虑以及向本国政府建议旨在促进本条约的原则和宗旨的措施，包括关于下列各方的措施：

（甲）南极只用于和平目的；

（乙）便利在南极的科学研究；

（丙）便利在南极的国际科学合作；

（丁）便利行使本条约第七条所规定的视察权利；

（戊）关于在南极管辖权的行使问题；

（己）南极生物资源的保护与养护。

二、任何根据第十三条而加入本条约的缔约国当其在南极进行例如建立科学站或派遣科学考察队的具体的科学研究活动而对南极表示兴趣时有权委派代表参加本条第一款中提到的会议。

三、本条约第七条所提及的观察员的报告，应送参加本条第一款所述的会议的缔约各方的代表。

四、本条第一款所述的各项措施，应在派遣代表参加考虑这些措施的会议的缔约各方同意时才能生效。

五、本条约确立的任何或一切权利得自本条约生效之日起即可行使，不论对行使这种权利的便利措施是否按照本条的规定已经被提出、考虑或同意。

第十条

缔约每一方保证作出符合联合国宪章的适当努力，务使任何人不得在南极从事违反本条约的原则和宗旨的任何活动。

第十一条

一、如果两个或更多的缔约国对本条约的解释或执行发生任何争端，则该缔约各方应彼此协商，以使该争端通过谈判/调查/调停/和解/仲裁/司法裁决或它们自己选择的其他和平手段得到解决。

二、没有得到这样解决的任何这种性质的争端，在有关争端所有各方面都同意时，应提交国际法院解决；但如对提交国际法院未能达成协议，也不应解除争端各方根据本条第一款所述的各种和平手段的任何一种继续设法解决该争端的责任。

第十二条

一、(甲)经其代表有权参加第九条规定的会议的缔约各方的一致同意，本条约可在任何时候予以变更或修改。任何这种变更或修改应在保存国政府从所有这些缔约各方街道它们已批准这种变更或修改的通知时生效。

(乙)这种变更或修改对任何其他缔约一方的生效，应在其批准的通知已由保存国政府收到时开始。任何这样的缔约一方，依照本条第一款(甲)项的规定变更或修改开始生效的两年期间内尚未发出批准变更或修改的通知，应认为在该期限届满之日已退出本条约。

二、(甲)如在本条约生效之日起满三十年后，任何一个其代表有权参加第九条规定的会议的缔约国用书面通知保存国政府的方式提出请求，则应尽快举行包括一切缔约国的会议，以便审查条约的实施情况。

(乙)在上述会议上，经出席会议的大多数缔约国，包括其代表有权参加第九条规定的会议的大多数缔约国，所同意的本条约的任何变更或修改，应由保存国政府在会议结束后立即通知一切缔约国，并应依照本条第一款的规定而生效。

（丙）任何这种变更或修改，如在通知所有缔约国之日以后两年内尚未依照本条第一款（甲）项的规定生效，则任何缔约国得在上述时期届满后的任何时候，向保存国政府发出其推出本条约的通知；这样的退出应在保存国政府接到通知两年后生效。

第十三条

一、本条约须经各签署国批准。联合国任何会员国，或经其代表有权参加本条约第九条所规定的会议的所有缔约国同意邀请加入本条约的任何其他国家，本条约应予开放，任其加入。

二、批准或加入本条约应由各国根据其宪法程序实行。

三、批准书加入书应交存于美利坚合众国政府，该国政府已被指定为保存国政府。

四、保存国政府应将每份批准书或加入书交存的日期、本条约的生效日期以及本条约任何变更或修改的日期通知所有签字国和加入国。

五、当所有签字国都交存批准书时，本条约应对这些国家和已交存加入书的国家生效。此后本条约应对任何加入国在它交存其加入书时生效。

六、本条约应由保存国政府按照联合国宪章第 102 条进行登记。

第十四条

本条约用英文、法文、俄文和西班牙文写成，每种文本具有同等效力。本条约应交存于美利坚合众国政府的档案库中。美利坚合众国政府应将正式证明无误的副本送交所有签字国和加入国政府。

下列正式受权的全权代表签署本条约以资证明。

中国于 1983 年 6 月 8 日加入南极条约组织，同日条约对中国生效。1985 年 10 月 7 日被接纳为协商国。至 1999 年，南极条约组织有成员国43 个，其中协商国 26 个，非协商国 17 个。

2001 年 7 月，第 24 届协商会议在俄罗斯圣彼得堡举行。会议决定将南极条约常务秘书处总部设在阿根廷首都布宜诺斯艾利斯。

南极条约体系是指《南极条约》和南极条约协商国签订的有关保护南极的公约以及历次协商国会议通过的各项建议和措施。

二、《南极海洋生物资源养护公约》

1982 年 4 月 7 日，《南极海洋生物资源养护公约》正式生效，意味着南极海洋生物资源养护委员会正式成立。委员会总部设在澳大利亚塔斯马尼亚的霍巴特。

2006 年 10 月，经国务院批准，中国加入《南极海洋生物资源养护公约》，并于 2007 年 8 月 2 日申请成为委员会成员。

2007 年 10 月 2 日起，接《南极海洋生物资源养护公约》保存国澳大利亚政府通知，中国成为南极海洋生物资源养护委员会的正式成员。

成员资格

（一）参加通过公约会议的各缔约方，都应成为委员会的成员；

（二）根据公约第二十九条加入本公约的每一个国家，若从事了公约适用的海洋生物资源的研究或捕捞活动，应有资格成为委员会成员；

（三）根据公约第二十九条加入公约的任何区域经济一体化组织，如其成员国有资格成为委员会成员，其应有资格成为委员会成员；

（四）依照本款第（二）项和第（三）项请求参加委员会工作的缔约方，应将其请求成为委员会成员的依据和接受现行养护措施的意愿通知公约保存国。保存国应将该通知及附带信息分送委员会各成员。委员会任何成员自收到保存国来文后 2 个月内，可要求召开委员会特别会议讨论这一问题。保存国收到此要求后，应召开特别会议。如果没有提出召开特别会议的要求，提交该通知的缔约方应被视为已满足委员会成员的资格要求。

委员会的每个成员可派一名代表、数名副代表和顾问。

委员会权利：委员会具有法人资格，并在各缔约方境内享有为履行其职责和实现本公约目的所必需的法律权力。委员会及其工作人员在一个缔约方境内享有的特权和豁免，应根据委员会与有关缔约方之间的协议确定。

原则在本公约适用区内的任何捕捞及有关活动，都应根据本公约规定和下述养护原则进行；

(一)防止任何被捕捞种群的数量低于能保证其稳定补充的水平，为此，其数量不应低于接近能保证年最大净增量的水平；

(二)维护南极海洋生物资源中被捕捞种群数量、从属种群数量和相关种群数量之间的生态关系；使枯竭种群恢复到本款第(一)项规定的水平。

(三)考虑到目前捕捞对海洋生态系统的直接和间接影响、引进外来物种的影响、有关活动的影响、以及环境变化的影响方面的现有知识，要防止在近二三十年内南极海洋生态系统发生不可逆转的变化或减少这种变化的风险，以可持续养护南极海洋生物资源。

措施内容

(一)确定公约适用区内任何被捕捞种类的可捕量；

(二)根据南极海洋生物资源的种群分布情况，确定区域或次区域；

(三)确定区域或次区域中种群的可捕量；

(四)确定受保护的种类；

(五)确定可捕捞种类的大小、年龄并在适当时确定性别；

(六)确定捕捞季节和禁捕季节；

(七)为科学研究或养护目的确定捕捞和禁捕地区、区域或次区域，包括用于保护和科学研究的特别区域；

(八)为避免在任何区域或次区域出现不适当的集中捕捞，规定使用的捕捞努力量和捕捞方式，包括渔具；

(九)采取委员会认为实现本公约目的所必要的其他养护措施，包括关于捕捞和相关活动对海洋生态系统中被捕捞种群以外的其他成分的影响的措施。

管理制度

一、委员会总部设在澳大利亚塔斯马尼亚的霍巴特。

二、委员会应举行例行年会。经 1/3 成员要求，或公约另有规定，亦可召开其他会议。如果缔约方中有两个以上国家在公约适用区内进行了捕捞活动，则委员会首次会议应在公约生效后三个月内举行。但无论如何，首次会议应在公约生效后一年内举行。考虑到签署国的广泛代表性对委员会的有效运作是必要的，保存国应同签署国就首次会议进行协商。

三、保存国应在委员会总部召开首次会议，除非委员会另有决定，以后各次会议均应在委员会总部举行。

四、委员会应从其成员中选举主席和副主席各一名，任期两年，并可连选连任一届。但首任主席的首届任期为三年，主席和副主席不应是同一缔约方的代表。

五、委员会应制定并在必要时修改会议议事规则，但本公约第十二条规定的事项除外。

六、委员会可根据履行其职责的需要建立必要的附属机构。

附属机构

一、南极海洋生物资源养护科学委员会

缔约方特此建立南极海洋生物资源养护科学委员会(以下简称科学委员会)作为委员会的咨询机构。除另有决定外，科学委员会会议一般应在委员会总部举行。

委员会的每一成员均是科学委员会的成员，并均可指定具有适当科学资格的一名代表和数名专家、顾问。根据特别需要，科学委员会可以征求其他科学家和专家的意见。

在收集、研究和交换公约所适用的海洋生物资源的信息方面，科学委员会应提供一个协商和合作的论坛。为扩大对南极海洋生态系统中海洋生物资源的了解，科学委员会应鼓励并促进科学研究领域的合作。

科学委员会应按委员会根据本公约目的而给予的指示开展活动，并应：

（一）制定用于确定本公约第九条所述的养护措施的标准和方法；

（二）定期评估南极海洋生物资源种群的现状和趋势；

（三）分析捕捞对南极海洋生物资源种群的直接与间接影响的数据；

（四）对改变捕获方法或捕获水平的建议以及养护措施的建议的影响进行评估；

（五）按要求或主动向委员会提交对实施本公约目的的措施和研究进行的评估、分析、报告和建议；

（六）为实施国际或国家南极海洋生物资源研究规划提出建议。

在行使其职能的过程中，科学委员会应考虑到其他有关科学技术组织的工作和《南极条约》框架内进行的科学活动。

科学委员会的首次会议，应在委员会首次会议之后的 3 个月内举行。其后，科学委员会可根据其履行职能的需要经常举行会议。科学委员会应通过并根据需要修改议事规则。议事规则及其任何修正案，应由委员会批准。议事规则中应包括少数成员提出报告的程序。经委员会批准，科学委员会可根据履行其职能的需要建立必要的附属机构。

二、秘书处

委员会应根据其确定的程序、条款和条件，任命一名执行秘书，为委员会和科学委员会服务。执行秘书的任期为 4 年，可以连任。

委员会应根据需要确定秘书处工作人员的编制，执行秘书应根据委员会确定的有关规则、程序、条款和条件，任命、指导和监督上述工作人员。

执行秘书和秘书处应行使委员会委托的职能。

委员会和科学委员会的正式语言为英语、法语、俄语和西班牙语。

成员义务

一、委员会各成员均应为预算缴款。在公约生效后的 5 年内，委员会各成员的缴款应均等。其后，缴款将根据捕捞量和委员会各成员均摊这两条标准决定。委员会应按照协商一致的方式决定两条标准的适用比例。如果委员会的一个成员连续 2 年不缴款，那么在违约期间，无权参加委员会的表决。

二、委员会成员应尽其最大可能每年向委员会和科学委员会提供两委员会为行使职能所需要的统计、生物学及其他数据和信息。

三、委员会成员应按规定的方式和时间间隔提交包括捕捞区域和捕捞船舶在内的捕捞信息，以便汇编可靠的捕捞量和努力量统计数据。

四、委员会成员应按规定的时间间隔，向委员会提供为落实委员会通过的养护措施而采取的步骤。

五、委员会成员同意，在其一切捕捞活动中，应利用机会收集评估捕捞影响所需的数据。

全体成员

阿根廷、澳大利亚、比利时、巴西、智利、中国、欧洲联盟、法国、德国、印度、意大利、日本、韩国、纳米比亚、新西兰、挪威、波兰、俄罗斯联邦、南非、西班牙、瑞典、乌克兰、英国、美国、乌拉圭。

加入国

保加利亚、加拿大、库克群岛、芬兰、希腊、毛里求斯、荷兰、巴基斯坦伊斯兰共和国、巴拿马共和国、秘鲁、瓦努阿图、巴拿马。

三、《保护南极动植物议定措施》

1964 年，南极条约协商会议通过的《保护南极动植物议定措施》旨在实现保护、研究和合理利用南极动植物资源。这是南极条约体系的首个为保护南极动植物和生态系统而设立的专门法律，它创立了捕获本地动物的许可证制度，从而使南极陆生动植物保护有法可依，有章可循。①

《保护南极动植物议定措施》在环境保护方面的主要内容包括：

(1)议定措施的参加国政府应禁止在南极条约地区内，未经发放许可证而猎杀、伤害、捕捉、骚扰本地任何哺乳动物和鸟类，并禁止为此所做的任何尝试；

(2)许可证的发放必须基于议定措施的原则和目的，即：为条约地区的人和狗提供有限数量的必要食物或为科研、博物馆、动物园等和其他教育以及其他用途提供标本；

(3)各参加国政府应限制此类许可证的颁发，以便尽量保证不至于因过量捕猎本地哺乳动物和鸟类而影响自然循环，并保持南极条约地区的生物多样性和生态平衡；

(4)附件 A 列举的本地哺乳动物和鸟类应被定为"特别保护的物种"，参加国政府应给予特别保护，参加国政府应尽量避免颁发此类物种捕杀许可证；除非迫不得已的科学研究的目的和不损害生态系统的平衡和该物种的生存的情况下才能颁发；

(5)除为建立、供应和运输考察站所必须物品外，各参加国政府应采取适当措施尽量减少对南极地区的哺乳动物和鸟类的正常生活条件的干扰；

(6)各参加国政府应采取一切合理措施减轻对毗邻海岸和冰架的水域的污染；

(7)附件 B 列举的具有突出科学价值的区域应列为"特别保护区"，并应得到参加国政府的特别保护，以保护其独特的自然生态系统；

(8)在特别保护区内，除了这些议定措施的其他各条款规定的禁令和保护措施之外，参加国政府还应进一步禁止未经许可而采集本地植物

① 郭培清、石伟华编著．南极政治问题的多角度探讨[M]．北京：海洋出版社，2012：16

和驾驶车辆；

(9)除了附件中规定可以带入南极地区的动物或植物外，未经许可，各参加国政府不得将非本地动植物、寄生虫和疾病带入南极条约地区；

(10)带入的非本地动物或植物如可能对南极地区自然系统造成危害，则应将其置于控制之下并利用完之后将其带出南极地区或将其就地销毁。①

四、《南极海豹保护公约》

为确保南极海豹种群能够顺利延续，并保护南极海洋生物资源，1972年南极条约协商会议通过了旨在保护南极海豹的《南极海豹保护公约》。这部南极国际法律是一部专门保护南极海豹的法律制度，其主要目的在于保护南极地区的五种海豹(象海豹、豹型海豹、威德尔海豹、食蟹海豹和罗斯海豹)和所有的南极海狗。

《南极海豹保护公约》(CCAS)由前言和16个条款以及一个附则构成。主要内容包括：未经许可，不得捕杀受保护的海豹和海狗；并要求缔约国应为其国民和悬挂其国旗的船舶制定有关捕猎上述海豹和海狗的许可证制度。此外，公约还以一个附件详细规定许可的捕获量、受保护的和未受保护的物种、禁猎区、禁止骚扰海豹的特别区域；对各物种的性别、大小和年龄的限制；对猎捕时间、方法和器具的限制；捕获记录、便利科学情报审查和评估的程序等做出了规定。该公约是南极条约体系第一个专门性的动物保护规定，适用范围比《南极条约》有所扩大，包括了南纬60°以南的海域，同时也暗示了南极条约体系的管辖和保护

① 郭培清、石伟华编著. 南极政治问题的多角度探讨[M].北京：海洋出版社，2012：17-18

范围已经从南极大陆扩展到了南大洋。①

五、《南极矿产资源活动管理公约》

经过南极条约协商国的不懈努力，最终南极条约协商会议通过了《南极矿产资源活动管理公约》(CRAMRA)这一法律文件，并于1988年在新西兰的惠灵顿开放签字。

《南极矿产资源活动管理公约》由序言和7章67个条款以及一个关于仲裁法庭的附件构成，内容涉及了南极矿产资源活动的多个方面。公约的第一章规定了南极矿产资源活动的目标与原则、公约的适用区域/国际合作、反应行动与责任、视察制度、保护区域等内容。

为了提高南极矿产资源制度管理效率，《南极矿产资源活动管理公约》在第二章机构设置上设立了5个新的组织机构，即南极矿产资源委员会、科学技术和环境咨询委员会、缔约国特别会议、秘书处和特定区域的南极矿产资源管理委员会，并对各自的职能进行了明确的划分。②

六、《关于环境保护的南极条约议定书》

1991年10月4日在西班牙首都马德里签订，并于1998年生效的《关于环境保护的南极条约议定书》(又称《马德里议定书》)，是南极条约体系在保护南极方面采取的所有举措中最富有历史意义的一部综合性法规，也是国际社会管理南极的又一个里程碑。《议定书》强调环境监测、环境影响评估、废物处理、海洋污染预防、区域保护和管理在保护

---

① 郭培清、石伟华编著. 南极政治问题的多角度探讨［M］. 北京：海洋出版社，2012：18

② 郭培清、石伟华编著. 南极政治问题的多角度探讨［M］. 北京：海洋出版社，2012：22

南极环境过程中的重要性，强调在南极动植物保护领域进行科学研究、环境审计、强制性环境影响评价、许可证制度和建立特殊保护区制度的必要性，是目前和未来减少人类南极活动对黄静造成影响有效的管理法规；同时《议定书》通过建立许可证制度来管理和监测进入保护区和样品采集等活动，维护南极地区的生态平衡，促进南极条约地区的可持续发展。其中《议定书》提出环境影响评价制度已被各成员国采纳并在南极考察中得以实施，即成员国在南极进行任何活动都必须进行环境评估，对于大型活动还必须完成综合环境评估（CEE），经南极环境保护委员会（CEP）讨论并提交南极条约协商会议（ATCM）通过后方可实施。因此《关于环境保护的南极条约议定书》是迄今为止内容最全面和措施最严格的环境保护条约。①

七、斯匹次卑尔根群岛条约

美利坚合众国总统，大不列颠、爱尔兰及海外领地国王兼印度皇帝陛下，丹麦国王陛下，法兰西共和国总统，意大利国王陛下，日本天皇陛下，挪威国王陛下，荷兰女王陛下，瑞典国王陛下：

希望在承认挪威对斯匹次卑尔根群岛，包括熊岛拥有主权的同时，在该地区建立一种公平制度，以保证对该地区的开发与和平利用。

指派下列代表为各自的全权代表，以便缔结一项条约；其互阅全权证书，发现均属妥善，兹协议如下：

第一条

缔约国保证根据本条约的规定承认挪威对斯匹次卑尔根群岛和熊岛拥有充分和完全的主权，其中包括位于东经 10 度至 35 度之间、北纬 74 度至 81 度之间的所有岛屿，特别是西斯匹次卑尔根群岛、东北地

---

① 郭培清、石伟华编著. 南极政治问题的多角度探讨[M]. 北京：海洋出版社，2012：23

岛、巴伦支岛、埃季岛、希望岛和查理王岛以及所有附属的大小岛屿和暗礁。

第二条

缔约国的船舶和国民应平等地享有在第一条所指的地域及其领水内捕鱼和狩猎的权利。挪威应自由地维护、采取或颁布适当措施，以便确保保护并于必要时重新恢复该地域及其领水内的动植物；并应明确此种措施均应平等地适用于各缔约国的国民，不应直接或间接地使任何一国的国民享有任何豁免、特权和优惠。

土地占有者，如果其权利根据第六条和第七条的规定已得到承认，将在其下列所有地上享有狩猎专有权：（一）依照当地警察条例的规定为发展其产业而建造的住所、房屋、店铺、工厂及设施所在的邻近地区；（二）经营或工作场所总部所在地周围 10 公里范围内地区；在上述两种情形下均须遵守挪威政府根据本条的规定而制定的法规。

第三条

缔约国国民，不论出于什么原因或目的，均应享有平等自由进出第一条所指地域的水域、峡湾和港口的权利；在遵守当地法律和规章的情况下，他们可毫无阻碍、完全平等地在此类水域、峡湾和港口从事一切海洋、工业、矿业和商业活动。

缔约国国民应在相同平等的条件下允许在陆上和领水内开展和从事一切海洋、工业、矿业或商业活动，但不得以任何理由或出于任何计划而建立垄断。

尽管挪威可能实施任何有关沿海贸易的法规，驶往或驶离第一条所指地域的缔约国船舶在去程或返程中均有权停靠挪威港口，以便送往前往或离开该地区的旅客或货物或者办理其他事宜。

缔约国的国民、船舶和货物在各方面，特别是在出口、进口和过境运输方面，均不得承担或受到在挪威享有最惠国待遇的国民、船舶或货物不负担的任何费用或不附加的任何限制；为此目的，挪威国民、船舶或货物与其他缔约国的国民、船舶或货物应同样办理，不得在任何方面享有更优惠的待遇。

对出口到任何缔约国领土的任何货物所征收的费用或附加的限制条件不得不同于或超过对出口到任何其他缔约国（包括挪威）领土或者任何其他目的地的相同货物所征收的费用或附加的限制条件。

第四条

在第一条所指的地域内由挪威政府建立或将要建立或得到其允许建立的一切公共无线电报台应根据 1912 年 7 月 5 日《无线电报公约》或此后为替代该公约而可能缔结的国际公约的规定，永远在完全平等的基础上对悬挂各国国旗的船舶和各缔约国国民的通讯开放使用。在不违背战争状态所产生的国际义务的情况下，地产所有者应永远享有为私人目的设立和使用无线电设备的权利，此类设备以及固定或流动无线台，包括船舶和飞机上的无线台，应自由地就私人事务进行联系。

第五条

缔约国认识到在第一条所指的地域设立一个国际气象站的益处，其组织方式应由此后缔结的一项公约规定之。

还应缔结公约，规定在第一条所指的地域可以开展科学调查活动的条件。

第六条

在不违反本条规定的情况下，缔约国国民已获取的权利应得到承认。在本条约签署前因取得或占有土地而产生的权利主张应依照与本条约具有同等效力的附件予以处理。

第七条

关于在第一条所指的地域的财产所有权，包括矿产权的获得、享有和行使方式，挪威保证赋予缔约国的所有国民完全平等并符合本条约规定的待遇。

此种权利不得剥夺，除非出于公益理由并支付适当赔偿金额。

第八条

挪威保证为第一条所指的地域制定采矿条例。采矿条例不得给予包括挪威在内的任何缔约国或其国民特权、垄断或优惠，特别是在进口、各种税收或费用以及普通或特殊的劳工条件方面，并应保证各种雇佣工人得到报酬及其身心方面所必需的保护。所征赋税应只用于第一条所指的地域且不得超过目的所需的数额。

关于矿产品的出口，挪威政府应有权征收出口税。出口矿产品如在10万吨以下，所征税率不得超过其最大价值的1%；如超过10万吨，所征税率应按比例递减。矿产品的价值应在通航期结束时通过计算所得到的平均船上交货价予以确定。

在采矿条例草案所确定的生效之日前3个月，挪威政府应将草案转交其他缔约国。在此期间，如果一个或一个以上缔约国建议在实施采矿条例前修改采矿条例，此类建议应由挪威政府转交其他缔约国，以便提交由缔约国各派一名代表组成的委员会进行审查并作出决定。该委员会应应挪威政府的邀请举行会议，并应在其首次会议举行之日起的3个月内作出决定。委员会的决定应由多数作出。

第九条

在不损害挪威加入国际联盟所产生的权利和义务的情况下，挪威保证在第一条所指的地域不建立也不允许建立任何海军基地，并保证不在该地域建立任何防御工事。该地域决不能用于军事目的。

第十条

在缔约国承认俄罗斯政府并允许其加入本条约之前，俄罗斯国民和公司应享有与缔约国国民相同的权利。

俄罗斯国民和公司可能提出的在第一条所指的地域的权利的请求应根据本条约(第六条和附件)的规定通过丹麦政府提出。丹麦政府将宣布愿意为此提供斡旋。本条约应经批准，其法文和英文文本均为作准文本。

批准书应尽快在巴黎交存。

政府所在地在欧洲之外的国家可采取行动，通过其驻巴黎的外交代表将其批准条约的情况通知法兰西共和国政府；在此情况下，此类国家应尽快递交批准书。本条约就第八条规定而言,将自所有签署国批准之日起生效,就其他方面而言将与第八条规定的采矿条例同日生效。

法兰西共和国政府将在本条约得到批准之后邀请其他国家加入本条约。此种加入应通过致函通知法国政府的方式完成,法国政府将保证通知其他缔约国。

上述全权代表签署本条约,以昭信守。

1920 年 2 月 9 日订于巴黎,一式两份,一份转交挪威国王陛下政府,另一份交存于法兰西共和国的档案库。经核实无误的副本将转交其他签署国。

附件

一

(一)自本条约生效之日起 3 个月内,已在本条约签署前向任何政府提出的领土权属主张之通知,均应由该主张者之政府向承担审查此类主张职责的专员提出。专员应是符合条件的丹麦籍法官或法学家,并由丹麦政府予以任命。

(二)此项通过须说明所主张之土地的界限并附有一幅明确标明所主张之土地且比例不小于 1∶1000000 的地图。

(三)提出此项通知应按每主张一英亩(合 40 公亩)土地缴 1 便士的比例缴款,作为该项土地主张的审查费用。

(四)专员认为必要时,有权要求哦主张人提交进一步的文件和资料。

(五)专员将对上述通知的主张进行审查。为此,专员有权得到必要的专家协助,并可在需要时进行现场调查。

(六)专员的报酬应由丹麦政府和其他有关国家政府协议确定。专员认为有必要雇佣助手时,应确定助手的报酬。

(七)在对主张进行审查后,专员应提出报告,准确说明其认为应该立即予以承认之主张和由于存在争议或其他原因而应提交上述规定的仲裁予以解决的主张。专员应将报告副本送交有关国家政府。

(八) 如果上述第(三)项规定的缴存款项不足以支付对主张的审查费用,专员若认为该项主张应被承认,则其可立即说明要求主张者支持的差额数。此差额数应根据主张者被承认的土地面积确定。

如果本款第(三)项规定的缴存款项超过审查一项主张所需的费用,则其余款应转归下述仲裁之用。

(九) 在依据本款第(七)项提出报告之日起3个月内,挪威政府应根据本条约第一条所指的地域上已生效或将实施的法律法规及本条约第八条所提及的产矿条例的规定,采取必要措施,授予其主张被专员认可的主张者一份有效的地契,以确保其对所主张土地的所有权。

但是,在依据本款第(八)项要求支付差额款前,只可授予临时地契;一旦在挪威政府确定的合理期限内支付了该差额款,则临时地契即转为正式地契。

二

主张因任何原因而未被上列第一款第(一)项所述的专员确认为有效的,则应依照以下规定予以解决:

(一) 在上列第一款第(七)项所述报告提出之日起3个月内,主张被否定者的政府应指定一名仲裁员。

专员应是为此而建立的仲裁庭庭长。在仲裁员观点相左且无一方胜出时,专员有决定权。专员应指定一书记官负责接收本款第(二)项所述文件及为仲裁庭会议做出必要安排。

(二) 在第(一)项所指书记官被任命后1个月内,有关主张人将通过其政府向书记官递交准确载明其主张的声明和其认为能支持其主张的文件和论据。

(三) 在第(一)项所指书记官被任命后的2个月内,仲裁庭应在哥本哈根开庭审理所受理的主张。

(四) 仲裁庭的工作语言为英文。有关各方可用其本国语言提交文件或论据,但应附有英文译文。

(五) 主张人若愿意,应有权亲自或由其律师出庭;仲裁庭认为必要时，应有权要求主张人提供其认为必要的补充解释、文件或证据。

（六）仲裁庭在开庭审理案件之前，应要求当事方缴纳一笔其认为必要的保证金，以支付各方承担的仲裁庭审案费用。仲裁庭应主要依据涉案主张土地的面积确定审案费用。若出现特殊开支，仲裁庭亦有权要求当事方增加缴费。

（七）仲裁员的酬金应按月计算，并由有关政府确定。书记官和仲裁庭其他雇员的薪金应由仲裁庭庭长确定。

（八）根据本附件的规定，仲裁庭应全权确定其工作程序。

（九）在审理主张时，仲裁庭应考虑：

a）任何可适用的国际法规则；

b）公正与平等的普遍原则；

c）下列情形：

（i.）被主张之土地为主张人或其拥有所有权的初始主张人最先占有的日期；

（ii.）主张人或拥有所有权的初始主张人对被主张之土地进行开发和利用的程度。在这方面，仲裁庭应考虑由于1914年至1919年战争所造成的条件限制而妨碍主张人对土地实施开发和利用活动的程度。

（十）仲裁庭的所有开支应由主张者分担，其分担份额由仲裁庭决定。如果依据本款第(六)项所支付的费用大于仲裁庭的实际开支，余款应按仲裁庭认为适当的比例退还其主张被认可的当事方。

（十一）仲裁庭的裁决应由仲裁庭通知有关国家政府，且每一案件的裁决均应通知挪威政府。

挪威政府在收到裁决通知后3个月内，根据本条约第一条所指的地域上已生效或将实施的法律法规以及本条约第八条所述采矿条例的规定，采取必要措施，授予其主张被仲裁庭裁决认可的主张人一份相关土地的有效地契。但是，只有主张人在挪威政府确定的合理期限内支付了其应分担的仲裁庭审案开支后，其被授予的地契方可转为正式地契。

三

没有依据第一款第(一)项规定通知专员的主张，或不被专员认可且亦未依据第二款规定提请仲裁庭裁决的主张，即为完全无效。延长斯匹次卑尔根群岛条约签署时间的议定书暂时不在巴黎而未能于今天签署斯匹次卑尔根群岛条约的全权代表，在 1920 年 4 月 8 日前，均应允许签署之。

1920 年 2 月 9 日订于巴黎。

八、国际海洋法公约

本公约缔约各国，本着以互相谅解和合作的精神解决与海洋法有关的一切问题的愿望，并且认识到本公约对于维护和平、正义和全世界人民的进步作出重要贡献的历史意义，注意到自从一九五八年和一九六〇年在日内瓦举行了联合国海洋法会议以来的种种发展，着重指出了需要有一项新的可获一般接受的海洋法公约。

意识到各海洋区域的种种问题都是彼此密切相关的，有必要作为一个整体来加以考虑，认识到有需要通过本公约，在妥为顾及所有国家主权的情形下，为海洋建立一种法律秩序，以便利国际交通和促进海洋的和平用途，海洋资源的公平而有效的利用，海洋生物资源的养护以及研究、保护和保全海洋环境。

考虑到达成这些目标将有助于实现公正公平的国际经济秩序，这种秩序将照顾到全人类的利益和需要，特别是发展中国家的特殊利益和需要，不论其为沿海国或内陆国。

希望以本公约发展一九七〇年十二月十七日第 2749(XXV) 号决议所载各项原则，联合国大会在该决议中庄严宣布，除其他外，国家管辖范围以外的海床和洋底区域及其底土以及该区域的资源为人类的共同继承财产，其勘探与开发应为全人类的利益而进行，不论各国的地理位置如何。

相信在本公约中所达成的海洋法的编纂和逐渐发展，将有助于按照《联合国宪章》所载的联合国的宗旨和原则巩固各国间符合正义和权利平等原则的和平、安全、合作和友好关系，并将促进全世界人民的经济和社会方面的进展。

确认本公约未予规定的事项，应继续以一般国际法的规则和原则为准据。（公约细则略）

九、八国条约

北极科学考察的历史和规模都远远超过南极，然而直到 1990 年以前，北极却没有能够形成类似于南极条约体系或南极研究科学委员会的统一有效的国际政治或国际科学组织。

随着人类科学活动进入大科学时代，以及国际政治格局的巨大变化，20 世纪 80 年代后期，北极的科学研究活动已出现了真正国际化的趋势。1990 年 8 月 28 日，经过 4 年多的艰苦谈判之后，在北极圈内有领土和领海的加拿大、丹麦、芬兰、冰岛、挪威、瑞典、美国和前苏联共 8 个国家的代表，在加拿大的雷字柳特湾市最后签署了国际北极科学委员会章程条款，成立了第一个统一的非政府国际科学组织，也就是所谓的"八国条约"。

这虽然是一个"非政府机构"，但章程条款明确规定，只有国家级别的科学机构的代表，才有资格代表其所属国家参加该委员会。1991年 1 月，该委员会在挪威的奥斯陆召开了第一次会议，并接纳法国、德国、日本、荷兰、英国 6 个国家为其正式成员国。至此，人类在北极地区的国际科学合作，终于迈出了艰难的，但却是具有历史意义的一步。1996 年 4 月 23 日，国际北极科学委员会通过决议，接受已在北极地区开展过实质性科学考察的中国为其第 16 个成员国。

十、有关北极环境保护的条约

1911 年，美国、俄国、日本和英国共同签署了一项保护毛皮海豹的条约。规定在北纬 60°以北的太平洋里禁止捕猎海豹。

两年以后，美国和英国又签订了一项保护北极和亚北极候鸟的协议。

类似的条约和协议还有：1923 年由美国和英国提出并签订的保护太平洋北部和白令海峡的鱼类的协议；1931 年美国和其他 25 个国家签订的捕鲸管理条约；1946 年，共有 15 个国家签订的捕鲸管理国际条约，并成立了一个国际捕鲸委员会；1973 年，由加拿大、丹麦、挪威、前苏联和美国共同签订的北极熊保护协议；以及 1976 年由前苏联和美国签订的保护北极候鸟及其生存环境的协议等等。

所有上述条约和协议都是仅就保护某一种动物而言的，真正提出对北极环境进行综合性的全面保护则是 20 世纪 80 年代后期的事。1989 年 9 月 20 日至 26 日，根据芬兰政府的提议，在北极圈内有领土和领海的加拿大、丹麦、芬兰、冰岛、挪威、瑞典、美国和苏联，派出代表，召开了一次咨询性会议，共同探讨了通过国际合作来保护北极环境的可能性。1990 年又召开了一次预备性会议，并于 1991 年正式签署了一项叫做"北极环境保护战略"共同文件。至此，有关北极的环境保护问题，则有了一个国际性的协议来加以实施和控制。

十一、与极地法律与政策相关的文献

1. *Handbook of the politics of the Arctic*
中文书名：《北极政策手册》
出版社：Edward Elgar Publishing Limited
本书的目录记录可从大英图书馆获得

国会图书馆控制号码：2015938369

2. *Responsibilities and Liabilities for Commercial Activity in the Arctic：The example of Greenlan*

中文书名：《北极商业开发的责任和义务——以格陵兰为例》

编者：Vibe Ulfbeck

Anders Møllmann

Bent Ole Gram Mortensen

出版社：Taylor & Francis Group

3. 北极生态保护法律问题研究

作者：刘惠荣，杨凡

出版社：人民出版社

4. 北极航道加拿大法规汇编

作者：王泽林编

出版社：上海交通大学出版社

5. 北极政治、海洋法与俄罗斯的国家身份：巴伦支海划界协议在俄罗斯的争议

作者：［挪威］盖尔·荷内兰德

出版社：海洋出版社

6. 北极航道法律地位研究

作者：王泽林

出版社：上海交通大学出版社

7. 国际环境法视野下的北极环境法律遵守研究

作者：陈奕彤

出版社：中国政法大学出版社

8. 南极生物遗传资源利用与保护的国际法研究

作者：刘惠荣、刘秀

出版社：中国政法大学出版社

9. 中国南极权益维护的法律保障

作者：陈力 等

出版社：上海人民出版社

10. 中国的北极政策

作者：中华人民共和国国务院新闻办公室

出版社：人民出版社

11. 中国北极权益与政策研究

作者：陆俊元

出版社：时事出版社

12. 斯瓦尔巴地区法律制度研究

作者：卢芳华

出版社：社会科学文献出版社

13. 法律与治理：极地议题的新进展

Law and Governance：Emerging Issue

作者：薛桂芳，何柳

出版社：中国政法大学出版社

14. 极地法律问题

作者：贾宇

出版社：社会科学文献出版社

15. 书名：Handbook On The Politics Of Antarctica

中文书名：南极政策手册

作者：Dodds，K. Hemmings，A. D. Roberts，P.

出版社：Edward Elgar Publishing

第七章　极地研究基金与项目
（国家哲学社科基金）

极地研究分为：南极研究、北极研究与高极研究（青藏高原研究）。与西方国家相比，我国对南极北极的研究起步较晚，而我国对西藏的管辖与研究，在人文科学方面积累了丰富的文献。高极（青藏高原研究）也是地球三极之一，与南极北极在自然环境方面有相似之处，同样严酷的自然环境孕育了生活习惯相似的极地民族，因此对高极的人文研究对南北极的人文研究具有启发意义，这也是中华民族对极地研究探索的贡献。因此，西藏的人文研究项目对南极北极人文学科项目的构建极富参考价值。

极地研究基金与项目来源于全国哲学社会科学工作办公室网站：http：//www.npopss-cn.gov.cn/

第一节　南极与北极研究基金与项目

项目编号	题　　目	项目类别	负责人	依托单位
03BGJ026	南极洲领土主权与资源权属问题综合研究	一般项目	颜其德	中国极地研究所
07BGJ002	南极政治与法律研究	一般项目	郭培清	中国海洋大学
08BFX081	海洋法规视角下的北极法律问题研究	一般项目	刘惠荣	中国海洋大学政法学院

续表

项目编号	题　　目	项目类别	负责人	依托单位
08BGJ007	北极航线问题的国际协调机制研究	一般项目	李振福	大连海事大学
09BGJ014	国际政治中的南极:大国南极政策研究	一般项目	潘敏	同济大学
11BFX141	中国南极权益维护的法律保障研究	一般项目	陈力	复旦大学
12AGJ005	建立北极"保障点"法律问题研究	重点项目	沈金龙	解放军海军指挥学院
12BJY058	北极航道通航背景下北极资源开发的中国战略研究	一般项目	徐跃通	山东师范大学
12CFX094	我国权益视角下的北极航行法律问题研究	青年项目	白佳玉	中国海洋大学政法学院
13&ZD170	中国北极航线战略与海洋强国建设研究	重大项目	李振福	大连海事大学
13AZD084	国际法视角下的中国北极航线战略研究	重点项目	刘惠荣	中国海洋大学
13AZD085	维护中国北极航线安全的战略筹划研究	重点项目	沈金龙	海军指挥学院
13CFX122	北极国际法律秩序的构建与中国权益拓展问题研究	青年项目	程保志	上海国际问题研究院
13CFX125	中国增强在北极实质性存在的法律路径研究	青年项目	董跃	中国海洋大学
14CCJ009	北极地区国际组织建章立制及中国参与路径研究	青年项目	肖洋	北京第二外国语学院
14BFX124	北极航线与中国国家利益的法学研究	一般项目	韩立新	大连海事大学

续表

项目编号	题　目	项目类别	负责人	依托单位
14BGJ026	中国参与北极地区开发的理论与方略研究	一般项目	夏立平	同济大学
14BFX126	中国北极权益的国际法问题研究	一般项目	王泽林	西北政法大学
14AGJ001	北极治理与中国参与战略研究	重点项目	郭培清	中国海洋大学
15BGJ029	中俄北极合作开发研究	一般项目	封安全	黑龙江省社会科学院
15BGJ058	北极治理新态势与中国应对策略研究	一般项目	孙凯	中国海洋大学
15CGJ024	北极航道的发展前景、经济影响与中国的参与机制研究	青年项目	丛晓男	中国社科院城市发展与环境研究所
15CGJ032	北极治理范式与中国科学家团体的边缘治理路径研究	青年项目	赵隆	上海国际问题研究院
15BGJ059	极地海洋生物资源的养护与可持续利用博弈及我国参与研究	一般项目	唐建业	上海海洋大学
16BFX184	北极航道利用的国际法问题研究	一般项目	郑宏	海军军事学术研究所
16BFX188	中国参与北极治理的国际合作法律规则构建研究	一般项目	白佳玉	中国海洋大学
17BZZ073	"命运共同体"视角下的北极海洋生态安全治理机	一般项目	杨振姣	中国海洋大学
17BGJ059	"北极航道"与世界贸易格局和地缘政治格局的演变研究	一般项目	胡麦秀	上海海洋大学
17BFX140	《斯瓦尔巴德条约》与中国北极权益拓展研究	一般项目	卢芳华	华北科技学院

续表

项目编号	题　目	项目类别	负责人	依托单位
17BGJ014	中国的南极磷虾渔业发展政策研究	一般项目	邹磊磊	上海海洋大学
18BGJ043	中国的南极利益和南极战略取向研究	一般项目	羊志洪	国家海洋信息中心

第二节　高极(西藏)研究基金与项目

项目编号	题目	项目类别	负责人	依托单位
91BZH017	西藏拉萨市调查	一般项目	格勒	中国藏学研究中心
91BMZ014	西藏文明的东向发展轨迹研究	一般项目	陈泛舟	西南民族学院民族所
91BMZ009	当代西藏问题研究	一般项目	杨公素	北京大学国政系
	西藏教育特殊性的理论与实践研究	青年项目	吴德刚	国家教育委员会民族教育司
93CZS008	明代中央与西藏地方的关系	青年项目	周润年	中央民族学院藏学系
94BZZ003	当前西藏社会政治稳定问题研究	一般项目	陶长松	西藏社会科学院
94BMZ007	西藏农民的生活——以帕拉庄园为中心的调查研究	一般项目	徐平	中国藏学研究中心社会经济所
96CJB015	西藏农牧业微观基础的组织创新研究	青年项目	俞允贵	西藏自治区社会科学院
96BDJ008	西藏农牧区基层党组织建设的理论与实践	一般项目	齐明	西藏自治区党委组织部
96AMZ018	西藏宗教与社会发展关系研究	重点项目	次旺俊美	西藏民族学院

续表

项目编号	题目	项目类别	负责人	依托单位
96AMZ008	西藏农业和农村问题研究	重点项目	白涛	西藏自治区农业综合开发办公室
97BMZ015	立足西藏实际加强民族理论研究	一般项目	陈汉昌	中共西藏区委宣传部
97BMZ006	社会主义市场经济条件下西藏地区干部培养与提高	一般项目	达娃	中共西藏自治区委党校
98CMZ002	西藏人口、资源、环境与持续发展研究	青年项目	陈华	西藏大学人口研究所
98CJY006	西藏资源转化战略研究	青年项目	俞允贵	西藏社会科学院
98BSH003	西藏主要城镇贫困群体与帮困就助研究	一般项目	阿旺次仁	西藏大学经济管理系
98BDJ007	中国共产党西藏工作五十年	一般项目	原思明	河南大学马列德育教研室
99CMZ002	西藏城镇贫困人口及其对策研究	青年项目	彩云	西藏大学经济管理系
99BZS024	民国时期西藏及藏区经济研究	一般项目	曹必宏	中国第二历史档案馆
99BJY029	西藏小城镇建设问题研究	一般项目	陶长松	西藏社会科学院
00BZS020	民国时期英国在西藏的侵略与扩张	一般项目	陈谦平	南京大学历史系
00BZJ003	藏寺庙爱国主义教育社会效益分析	一般项目	格桑益西	西藏自治区社会科学院
01BSS008	20世纪美国对中国西藏政策研究	一般项目	李晔	东北师范大学历史系

续表

项目编号	题目	项目类别	负责人	依托单位
01BJY047	西部开发中的西藏生态环境建设战略研究	一般项目	次顿	西藏社会科学院农村经际研究所
02CDJ001	改革开放以来党的西藏政策与反分裂斗争研究	青年项目	宋月红	中国社会科学院政治学所
02BYY020	西藏少数民族汉语教学概况与研究	一般项目	张廷芳	西藏大学
02BTY020	西藏体育简史	一般项目	邵生林	西藏民族学院体育系
02BSH004	西部开发过程中的西藏民族教育和社会稳定问题研究	一般项目	张国都	西藏大学语文系
02BMZ010	西部大开发与西藏经济跨越式发展研究	一般项目	王太福	西藏社会科学院经济战略研究所
02BJY031	西藏人口、资源、环境相互协调与农业可持续发展	一般项目	王建林	西藏农牧学院农学系
02BDJ022	转型期西藏城市党建的实践与创新探析	一般项目	洛桑江村	西藏拉萨市人民政府
02AMZ002	西部大开发与西藏农牧区的稳定和发展	重点项目	徐平	中国藏学研究中心社会
03BJY001	西藏全面建设小康社会研究	一般项目	倪邦贵	西藏自治区社会科学院
03AMZ001	西藏全面建设小康社会的阶段性目标与发展道路研究	重点项目	沈开运	西藏自治区社会科学院
04CZJ005	近现代中国西藏地区的民间宗教与信仰研究	青年项目	王川	四川师范大学历史系
04BGJ008	美国情报机构与中国西藏	一般项目	程早霞	哈尔滨工程大学
04BFX016	西藏民族地区农牧民选举现状调查研究	一般项目	卫绒娥	西藏大学

续表

项目编号	题目	项目类别	负责人	依托单位
04XMZ016	西藏民族手工业保护与发展研究	西部项目	安玉琴	西藏大学经济与管理学
04XMZ005	西藏民族地区近(现)代化发展历程研究	西部项目	许广智	西藏大学
04XMZ003	西藏开展反分裂斗争所面临的现实环境及对策研究	西部项目	王学阳	西藏社会科学院
04XJY037	西藏自治区旅游经济发展研究	西部项目	王代远	西藏社会科学院经济战略研究所
05CMZ003	西藏藏药产业发展对策研究	青年项目	占堆	西藏大学
05BSH045	跨越式发展进程中的西藏青少年	一般项目	阿旺	共青团西藏自治区委员会
05BMZ011	西藏民族地区"兴边富民"与边疆安全问题研究	一般项目	阿旺次仁	西藏自治区社会科学院
05BGJ018	印度对我国西藏政策研究报告	一般项目	赵萍	西藏自治区党委党校
05XZS014	西藏地方经济史(古近代)	西部项目	陈崇凯	西藏民族学院
05XMZ008	民族区域自治制度的发展与完善——西藏自治区自治	西部项目	潘建生	中共西藏自治区委员会
05XJL009	西藏跨越式发展中的产业结构问题研究	西部项目	房灵敏	西藏大学
05XFX011	西藏地区非诉讼纠纷解决机制研究	西部项目	王春焕	西藏大学
06XZX013	新时期西藏社会矛盾与和谐西藏建设研究	西部项目	舒敏勤	西藏大学
06XMZ054	西藏近、现代商人阶层的形成与西藏社会转型	西部项目	美郎宗贞	西藏大学

续表

项目编号	题目	项目类别	负责人	依托单位
06XMZ048	西藏传统绘画艺术的造型语言与形式研究	西部项目	格桑次仁	西藏大学
06XJY012	西藏社会主义新农村目标、重点和政策研究	西部项目	王代远	西藏自治区社会科学院
06BTQ022	网络环境下西藏地区藏文信息资源共享可行性研究	一般项目	德萨	西藏大学
06BSH016	青海藏区民族宗教问题与西藏、新疆社会稳定关系	一般项目	绽小林	青海民族学院
07CJY060	西藏农牧区金融发展问题研究	青年项目	贡秋扎西	西藏大学
07BMZ015	和谐社会视域下的西藏民族关系研究——以藏门珞民族关系的历史变迁为中心	一般项目	陈立明	西藏民族学院
07BFX004	西藏农牧区法律建设现状及法律发展	一般项目	央金	西藏法律图书信息中心
07BDJ013	党在西藏领导宗教工作的历史考察和历史经验研究	一般项目	潘建生	中共西藏自治区委员会
07XZZ003	构建和谐西藏与政府社会管理职能创新研究	西部项目	陈丽	中共西藏自治区委员会
07XYY007	西藏地区藏、汉、英三语教学绩效分析与研究	西部项目	史民英	西藏大学
07XMZ031	教育公平与西藏教育发展研究	西部项目	卫绒娥	西藏大学
07XJY031	基于认证管理的西藏生态旅游资源保护研究	西部项目	周玲强	西藏大学
08CKG003	西藏西部后弘期佛教壁画研究(10—13世纪)	青年项目	张长虹	四川大学中国藏学研究
08BZJ013	西藏苯教发展史	一般项目	才让太	中央民族大学藏学研究

续表

项目编号	题目	项目类别	负责人	依托单位
08BJY029	基于西藏跨越式发展的科技进步战略选择研究	一般项目	杨斌	西藏大学经济与管理学
08BGJ024	尼泊尔政局变化对我国西藏的影响研究报告	一般项目	赵萍	中共西藏自治区委党校
08XMZ019	西藏社会稳定与中国国家安全	西部项目	王海洲	兰州军区司令部第一技术侦察局
08XMZ018	西藏人口及资本东向流动与民族关系的再构建	西部项目	来仪	西南民族大学民族研究
08XJY003	提高西藏文化产业在国民经济中的比重研究	西部项目	尕藏才旦	西藏大学经济与管理学
08&ZD051	维护西藏地区社会稳定对策研究	重大项目	孙勇	西藏社科院
09CMZ007	生态移民对西藏传统社会组织变迁的影响	青年项目	卢秀敏	西南民族大学
09CZW068	西藏当代文学思潮研究	青年项目	夏吾才旦	西藏大学
09CZJ008	国家安全视野下基督教在当代我国藏区的传播及影	青年项目	何林	云南大学
09CMZ008	雪域旧旅：清代西藏游记研究	青年项目	孟秋丽	中国藏学研究中心
09BZW059	中国当代文学的西藏书写	一般项目	王泉	湖南城市学院
09CFX046	西藏农牧区民事习惯调查研究	青年项目	黄昌军	西藏大学
09BWW004	中外比较视域下的当代西藏文学	一般项目	卓玛	青海民族学院
09BMZ011	中国西藏地区汉人社会生活研究（1959年前）	一般项目	王川	四川师范大学
09BMZ004	青海、西藏牧区改革发展研究	一般项目	丁忠兵	青海省社会科学院
09BGJ005	美国传统主流媒体与中国西藏	一般项目	程早霞	哈尔滨工程大学
09XSH003	基于和谐社会视角下的西藏居民社会安全感研究	西部项目	陈青姣	西藏大学

续表

项目编号	题目	项目类别	负责人	依托单位
10CMZ008	中央与西藏地方传统社会经济关系的历史考察研究	青年项目	美朗宗贞	西藏大学
10BZZ012	当代西藏民族自治地方政府治理模式创新研究	一般项目	王跃	西藏民族学院管理学院
10BSH022	西藏及其他藏区社会发展与维稳机制的协调问题研	一般项目	陈真	四川警察学院
10BMZ024	西藏古代政教制度史研究	一般项目	陈楠	中央民族大学
10XJY034	西藏对外贸易与区域经济发展研究	西部项目	何纲	西藏自治区社会科学院
11AZW007	西藏藏戏形态研究	重点项目	李宜	西藏民族学院
11XXW009	大众传媒与西藏传统文化的保护和发展研究	西部项目	刘新利	西藏民族学院
11XXW005	西藏宗教文化变迁与适应研究	西部项目	袁爱中	西藏民族学院
11XMZ071	西藏农牧民增收问题研究	西部项目	徐伍达	西藏自治区社会科学院
11XMZ061	西藏的天文历算研究	西部项目	拉毛吉	兰州大学民族学研究院
11XMZ040	内地西藏班教育成效及其对西藏教育发展影响研究	西部项目	贺能坤	重庆文理学院
11XJY011	生态安全与西藏新型工业化研究	西部项目	毛阳海	西藏民族学院财经学院
11BZS086	民国时期西藏地方与中央政府关系研究	一般项目	星全成	青海民族大学
11&ZD121	文物考古中西藏与中原关系资料整理与研究	重大项目	霍巍	四川大学
12CMZ016	西藏世居穆斯林族群认同研究	青年项目	杨晓纯	中国藏学研究中心
12CFX058	西藏藏族婚姻法律文化研究	青年项目	李春斌	西藏民族学院

续表

项目编号	题目	项目类别	负责人	依托单位
12CZS063	国民政府时期西藏 驻京机构研究	青年项目	张子新	中央民族大学 藏学研究
12CXW030	西藏地区文化传媒体系的构建 与西藏对外传播研究	青年项目	刘小三	西藏民族学院
12CSH059	社会学视角西藏传统茶文化研究	青年项目	赵国栋	西藏民族学院
12CMZ031	人类学视野下的西藏牧区乡土 文化及其现代意义研究	青年项目	白玛措	西藏自治区 社会科学院
12CMZ015	西藏古格王国早期政教 关系研究	青年项目	黄博	四川大学 中国藏学研究
12CMZ012	参与式援藏与西藏农牧民 自我发展能力提升研究	青年项目	李中锋	四川大学 经济学院
12CJY056	西藏乡村治理与农牧区 反贫困研究	青年项目	李继刚	西藏民族学院
12CGJ015	当代印度对我国西藏的政策研究	青年项目	刘军	云南大学
12BZW138	西藏当代文学编年史 （1980—2010）	一般项目	东主才让	西藏大学
12BMZ081	科技和管理创新对加快西藏 高原生态农牧业跨越式	一般项目	张剑雄	西藏民族学院
12BMZ016	西藏藏族人口城镇化及其 就业取向和特点研究	一般项目	史云峰	中共西藏 自治区委党校
12BJY031	西藏生态经济系统结构 与功能研究	一般项目	方江平	西藏大学 农牧学院
12BJL083	促进西藏非公有制经济 健康发展研究	一般项目	狄方耀	西藏民族学院
12XJY022	现阶段西藏文化消费 市场调查研究	西部项目	德吉央宗	西藏大学

续表

项目编号	题目	项目类别	负责人	依托单位
12XZZ009	西藏重大突发事件的 舆情监控机制研究	西部项目	钟振明	中共西藏 自治区委党校
12XZS028	清廷筹治西藏思路及措施的 演变研究(1887—1911)	西部项目	康欣平	西藏民族学院
12XMZ067	西藏人口较少民族非物质 文化遗产保护研究	西部项目	马小燕	西藏民族学院
12XMZ029	西藏城镇化发展制约条件下 失地农牧民就业安置特点研究	西部项目	杨公卫 (尼玛 扎西)	西南民族大学
12XMZ027	新时期西藏农村特殊扶贫 政策研究	西部项目	刘天平	西藏大学 农牧学院
12XMZ025	西藏区域经济的空间分异 与空间结构优化研究	西部项目	鄢杰	西南财经大学 财税学院
12XMZ024	西藏传统历史古迹文化资源 及价值研究	西部项目	次旺	西藏大学文学院
12XMZ018	文化建设与推动西藏发展 和维护西藏稳定研究	西部项目	李宏	中共西藏 自治区委党校
12XKG001	西藏境内晚更新世人类遗存 调查与生存状态研究	西部项目	杨曦	西藏自治区 文物保护研究所
12XJY001	促进西藏经济发展方式转变 的路径研究	西部项目	图登克珠	西藏大学
12FKG002	西藏东部吐蕃佛教造像——芒 康、察雅考古调查与研究报告	后期资助 项目	张建林	陕西省 考古研究院
13XXW008	提升西藏网络媒体传播力 与文化影响力的策略研究	西部项目	李炜	西藏民族学院
13XYY025	西藏社会用字现状调查 与规范化对策研究	西部项目	利格吉	西藏大学

续表

项目编号	题目	项目类别	负责人	依托单位
13XJY003	西藏乡村旅游地农牧民幸福指数对经济效率影响的测评研究	西部项目	徐秀美	西藏大学
13XMZ026	藏传佛教在当代西藏农牧区的发展历史及其现状研	西部项目	格朗	西藏大学
13XMZ009	全面建成小康社会与西藏边境地区的发展研究	西部项目	普布次仁	西藏大学
13XTY001	西藏自治区城乡体育公共服务体系构建研究	西部项目	田志军	拉萨师范高等专科学校
13CZZ025	风险管理视角下的西藏流动僧尼服务与管理机制研究	青年项目	刘恒	中共西藏自治区委员会
13CZW095	西藏口传史诗《格萨尔》说唱艺人的传承与保护研究	青年项目	王金芳（措吉）	西藏大学
13CZW017	西藏视觉文化研究	青年项目	宋卫红	西藏民族学院
13CYY079	西藏存梵语语言学文献《妙音声明经》汉译与研究	青年项目	尼玛	西藏大学
13CMZ056	西藏传统戏剧阿吉拉姆艺人口述史研究	青年项目	桑吉东智	西藏自治区民族艺术研究所
13CMZ023	西藏寺院辩论教学模式研究	青年项目	次旺南木加	西藏大学
13BZS069	西藏现存历代中央政府治藏文档整理与研究	一般项目	何晓东	西藏博物馆
13CMZ021	近代西藏政教合一制度研究	青年项目	萨仁娜	陕西师范大学
13AZD060	西藏非物质文化遗产数据库建设	重点项目	周玲强	浙江大学
14WZS004	西藏简明通史	中华学术外译项目	五洲传播出版社	五洲传播出版社
14XMZ025	近代有关西藏的文本书写与认知研究	西部项目	徐百永	陕西师范大学

续表

项目编号	题目	项目类别	负责人	依托单位
14XWW002	西方英语国家文化视野中的西藏及其他藏区表述与意蕴研究	西部项目	李世新	青海民族大学
14CGJ024	英国与早期西方人西藏形象的塑造及其当代影响研究	青年项目	赵光锐	南京大学
14BMZ039	清末民国西藏与南亚贸易研究	一般项目	陈志刚	兰州大学
14BMZ040	西藏边疆人口较少民族聚居区经济社会发展现状调查研究	一般项目	陈立明	西藏民族学院
14XWW008	视觉文化语境中的西藏摄影研究	西部项目	吕岩	西藏民族学院
14XMZ049	西藏特色新型农村经营体系构建研究	西部项目	陈爱东	西藏民族学院
14CMZ010	西藏夏尔巴人的跨境流动与国家认同研究	青年项目	王思亓	西藏民族学院
14BXW040	西藏社会舆论与媒介引导力研究	一般项目	张玉荣	西藏民族学院
14BFX014	西藏历代地方法律制度与环境保护研究	一般项目	次仁片多	西藏大学
14BMZ091	西藏农牧区基础教育供给与需求研究	一般项目	纪春梅	西藏大学
14AGJ002	劳威尔·托马斯的西藏之旅与美国西藏话语研究	重点项目	程早霞	哈尔滨工程大学
14BZS066	西藏阿里森巴战争研究	一般项目	次仁加布	西藏自治区社会科学院
14BJL092	促进西藏藏药产业可持续发展的政策创新机制研究	一般项目	洛桑多吉	西藏区委宣传部
14XMZ097	西藏各民族对国家和中华文化认同研究	西部项目	次仁卓嘎	西藏自治区党校
14ZDB057	西藏阿里地区古代石窟寺院壁画数字化保护与研究	重大项目	张建林	浙江大学

续表

项目编号	题目	项目类别	负责人	依托单位
14WZS009	想象西藏——跨文化视野中的和尚、活佛、喇嘛和密教	中华学术外译项目	北京师范大学出版社	北京师范大学出版社
15XZW009	驻藏大臣作品中的西藏形象研究	西部项目	晏斌	西藏大学
15XZS008	近代西藏重大历史事件与《申报》史料研究	西部项目	温文芳	西藏民族学院
15XSH025	西藏城市社区治理创新研究	西部项目	陈丽	西藏自治区委党校
15XMZ062	西藏阿里普兰女性传统服饰文化的保护与传承研究	西部项目	伍金加参	西藏大学
15XFX006	西藏自治区实施《民族区域自治法》的成效、问题与对策研究	西部项目	柳杨	西藏大学
15CZS048	西藏确立民族区域自治制度的历程研究(1949—1965)	青年项目	高国卫	天津市委党校
15CRK023	西藏人口转变研究	青年项目	杨帆	西南财经大学
15CMZ011	11—15世纪藏传佛教上乐教法在西藏、尼泊尔和河西的传播研究	青年项目	魏文	中国藏学研究中心
15BZZ023	驻寺工作机制与西藏社会稳定研究	一般项目	余达红	江西警察学院
15BZJ010	阿底峡道次第理论及其在西藏地区的传承和发展研究	一般项目	郑堆	中国藏学研究中心
15BTY032	藏族传统体育在西藏文化建设中的传承与实践研究	一般项目	耿献伟	西藏民族学院
15BTQ075	西藏地方档案发展史研究	一般项目	侯希文	西藏民族学院
15BMZ033	西藏穆斯林研究	一般项目	次旦顿珠	西藏大学
15ZDB120	文物遗存、图像、文本与西藏艺术史构建	重大项目	谢继胜	浙江大学

续表

项目编号	题目	项目类别	负责人	依托单位
15WMZ003	西藏风土志	中华学术外译	金向德	民族团结杂志社
16CZS063	12至14世纪河西藏传佛教与石窟营建研究	青年项目	张海娟	敦煌研究院
16CMZ012	西藏中部农区安居工程与藏族家庭变迁研究	青年项目	白赛藏草	西南民族大学
16CMZ011	西藏牧区草场管理研究	青年项目	桑德杰布	西藏大学
16CMZ007	第巴桑结嘉措时期(1679—1705)西藏地方与中央政府政治关系研究	青年项目	石岩刚	陕西师范大学
16CKG014	西藏中部石窟寺考古调查与研究	青年项目	何伟	西藏自治区文物保护研究所
16CGL073	资金配置与西藏文化产业发展的路径及对策研究	青年项目	王小娟	西藏民族大学
16XZW030	新时期以来西藏当代文学史料整理与研究(1977—2015)	西部项目	于宏	西藏民族大学
16XZW029	中华文化视域下的西藏史前文化研究	西部项目	刘鹏	西藏民族大学
16XZJ005	吐蕃时期西藏本土宗教与外来宗教关系研究	西部项目	万么项杰	西藏大学
16XMZ032	西藏夏尔巴人民族归属问题调查与研究	西部项目	次仁平措	西藏自治区社会科学院
16DZS025	清代民国西藏水灾档案研究(1803——1949)	一般项目	旦增遵珠	西南民族大学
16BMZ018	西藏档案馆藏蒙古文档案研究	一般项目	乌云毕力格	中国人民大学

续表

项目编号	题目	项目类别	负责人	依托单位
16BKG001	西藏史前时期农业的植物考古研究	一般项目	宋吉香	四川大学
17AMZ011	中国西藏对南亚贸易史研究（1893—2016）	重点项目	美朗宗贞	西藏大学
17AZS016	西藏和平解放研究	重点项目	宋月红	中国社会科学院
17BMZ040	18世纪西藏地方历史发展趋势研究	一般项目	罗布	西藏大学
17BTY102	西藏寺院壁画中古代体育的源流及其发展形态研究	一般项目	王兴怀	西藏民族大学
17BZS052	明朝时期中央政府与西藏地方使臣往来文献资料整理和研究	一般项目	陈武强	西藏民族大学
17XMZ068	藏族休闲民俗在西藏旅游发展中的传承与实践研究	西部项目	邵卉芳	西藏民族大学
17XZS030	西藏方志文献研究	西部项目	杨学东	西藏民族大学
17CTY011	藏棋在西藏文化建设中可持续发展研究	青年项目	张治远	西藏民族大学
17ZDA234	西藏本教通论	重大项目	同美	西南民族大学
17ZDA159	西藏地方志资料的整理与研究	重大项目	赵心愚	西南民族大学
17WZJ004	西藏佛教发展史略	中华学术外译项目	金明淑	中央民族大学
18CZS052	雍正朝西藏治理与边疆稳定研究	青年项目	张发贤	贵阳孔学堂文化传播中心
18CMZ013	近代英国建构的西藏形象的演变及其政治内涵研究	青年项目	何文华	四川师范大学
18CGL023	振兴西藏乡村旅游背景下的地方品牌化策略研究	青年项目	桑森垚	西藏大学

续表

项目编号	题目	项目类别	负责人	依托单位
18XZZ002	国家审计推动美丽西藏建设的创新机制与实施路径	西部项目	祝遵宏	西藏自治区审计厅
18XZS040	明清时期川西藏区陕商研究	西部项目	刘立云	陕西省社会科学院
18XMZ018	西藏铸牢中华民族共同体意识的问题与对策研究	西部项目	吴春宝	西藏大学
18XJY018	"一带一路"背景下西藏建设面向南亚重要通道研究	西部项目	谭天明	西藏民族大学
18BMZ095	西藏边境地区融入"一带一路"建设研究	一般项目	图登克珠	西藏大学
18BJY171	西藏区域物流网络空间特征、形成机理及优化研究	一般项目	刘妤	西藏民族大学
18BGL254	朝向美好生活的西藏边境地区公共服务共建共享研究	一般项目	田旭	西藏民族大学
18BGJ017	"西藏问题"国际化视阈下"援藏组织"对美国国会影响研究	一般项目	韩磊	哈尔滨商业大学
18AMZ008	近四十年美国西藏政策研究	重点项目	励轩	四川大学
18AYY007	语言生态学视角下的西藏语言资源的保护与发展研究	重点项目	格桑益西	西藏自治区社会科学院
18AJY005	西藏地区"产业—生态安全"关联演化分析及生态补偿机制研究	重点项目	安玉琴	西藏大学

后　记

2018年初夏，广东外语外贸大学南国商学院极地问题研究中心获批了三个极地问题研究的项目，这三个项目的成果将以三本书的形式呈现。《极地研究与组织机构》（社会科学卷）是其中一本。

极地研究领域涉及自然科学与人文科学，保罗万象。编写这本书之初并没有区分社会科学还是自然科学，初步搜索的结果文献多得惊人，加之在自然科学方面的文献不是一本书可以涵纳，基于编写人员的文科背景，最后选择本书仅涉及社会科学方面的文献。缩小范围有利于集中力量精细编写。

工具书至关重要的一环是设立排序的规则，因此每一章节均有一种排序方式：或以字母表顺序排列（汉语文献名称以汉语拼音字母排序，英语和俄语文献名称则以各自语言的字母表顺序排序）；或以文献出版的时间排序，比如论文，论文选择以时间排序有一个好处，比较容易看出某一时段中的热点和焦点问题。

本书的机构的介绍均来自相关机构的网站，本书的国外机构介绍的译介工作获得了广东外语外贸大学南国商学院各个语种系所的支持，尤其是东方语言文化学院与西方语言文化学院的小语种专业。有些国际网站本身的介绍非常分散，比如日本与韩国极地研究所的介绍，由南国商学院东方语言文化学院池圣女院长组织相关语种的专业人士编写，法国与德国极地研究组织的介绍分别来自西方语言文化学院余珊老师、王榕老师的译笔。

　　本书文献的基础搜索工作由广东外语外贸大学南国商学院的图书馆承担，在蒋吉频副馆长与欧华老师的努力下，历时半年，为本书的编写搜集了大量中外文献。除此之外，由于本书中收录了俄语文献，因此本书的编者之一赴俄罗斯列宁国家图书馆检索与核对俄语文献。本书的资料搜集工作繁重艰巨，颇费时日。

　　感谢业内的专家和老师对本书的建议和帮助，尤其是上海国际问题研究院杨剑副院长、中国海洋大学郭培清教授、中山大学程晓教授与聊城大学曲枫教授对部分章节的具体指导。感谢挪威弗里德里约·南森研究所的高级研究员 Dr. Gørild Heggelund（何秀珍博士）提供有关南森研究所的介绍，感谢香港极地中心创始人何建宗教授提供的机构介绍。

　　在本书付梓出版之际，要特别感谢广东外语外贸大学南国商学院各级领导的大力支持，感谢广东外语外贸大学南国商学院极地问题研究中心对本书项目的资助，同时衷心感谢武汉大学出版社的黄金涛编辑及其各位同仁们，为本书出版所做的大量工作。另外，本书在编写过程中，尽可能参考了所能搜集到的国内外已有研究成果和资料。限于篇幅和时间，没有全部标列，在此一并表示由衷谢意。

　　在本书写作过程中，由于笔者水平有限，难免存在不足和遗漏之处，欢迎读者不吝批评与指正。

编者

2019 年 3 月 16 日